打開視窗說亮話

電腦人的顛覆、獨立與成功

作者：理查‧羅修(Richard H. Rachals)
譯者：熊家利、周秀玲

ON YOUR OWN AS A COMPUTER PROFESSIONAL

電腦人的顛覆、獨立與成功

HOW TO GET STARTED AND SUCCEED AS AN INDEPENDENT

作者：理查‧羅修(Richard H. Rachals)
譯者：熊家利、周秀玲

作者感言：

　　我要感謝過去28年來，我曾服務過的每位客戶，他們在無形中不斷的提供我在職訓練，對我而言，這種學習是價值不凡的。同時我也要謝謝我的內人，她不僅是我重要的工作夥伴，也是本書的編輯、校對與顧問。

第一章

歡迎來到自由工作者的天地

歡迎來到自由工作者的天地

 前言

　　SOHO (Small Office , Home Office) 族、自立門戶、自僱等名詞在90年代還是專業行話，但近來已廣泛吸引大眾的興趣。有越來越多的人傾向主控自己的人生，當自己的老闆。大學課程、成人再教育班、職業訓練計劃，甚至以創業為題的雜誌都不斷在探討：如何跨出自我創業的第一步，並且成功的永續經營。無論是電腦設備或是資料處理的方法，現在都處於蓬勃發展的狀態。也因為如此，電腦提供了大量工作機會，讓人們有機會經營完全屬於自己的事業——當一個以電腦為業、具專業級水準的電腦自由工作者。

　　由於電腦日漸普及，大家都在學電腦，這使得想依賴電腦維生者，面臨日益嚴重的競爭。目前，幾乎所有的高中或大專生都很熟悉電腦基本概念，其中更不乏佼佼者已能獨立撰寫程式和開發軟體，他們在走出校門之前，早就是某些軟體公司的當家要角。所以每年鳳凰花開時節，畢業生離開校園投入社會，陸續在這個就業市場成為另批新的競爭者；除了這個定時產生的衝擊外，幾乎所有在企業體服務的程式設計師、系統分析師或電腦專家們，也都在朝思暮想，希望有

朝一日能完全地為自己工作，當一位自由工作者。這群人個個都有豐富的電腦經驗，又受過完整的在職訓練，他們是另一群隨時會出現在你身旁的競爭者。

怎樣，把你嚇到了嗎？先不用慌張，<u>本書將會告訴你，要用什麼方法來面對不同的競爭者，以及如何遙遙領先那些終日與電腦為伍的專業、業餘電腦工作者。</u>我將幫助你整裝，以專業級的水準成為成功的電腦自由工作者。

這本書是為誰而寫？

本書在撰寫之初所定的方向，是要為那些有心成為自由工作者，或是正朝著專業級電腦自由工作者方向努力的朋友們——是程式設計師、系統分析師、電腦顧問、系統工程師、網路專家、電腦排版工作者、電腦繪圖藝術師、軟硬體供應商，或者是提供其他與電腦相關的服務者而寫。雖然本書對於如何成為稱職的程式設計師與系統分析師著墨較多，但書中的原則與基本概念，是普遍適用於所有電腦應用產品的開發者。

<u>對於那些已經是電腦SOHO族的讀者來說，本書是你目前工作成果的總體檢討，你可以進一步確認現階段的經營原則是否正確</u>，相信當你讀完本書，一定能夠從中領悟到一些，對現行經營方式有所助益的新想法。

<u>本書的另項用意是，要幫助那些對電腦技術信心滿滿，但是對於銷售或是該如何提供服務憂心忡忡、缺乏自信的朋</u>

友，希望以本書幫助他們重拾信心。多年經驗告訴我，以技術為導向的工作者，面臨自己必須自立門戶、當個自由工作者時，絕大多數都會對行銷事務感到害怕。本書第七章將談到不少銷售技巧與應用方式，熟知這些內容後，就能從容面對銷售的過程。幫助你每參加一次業務會談，就讓事業更上層樓。

　　我很希望所有僱用電腦自由工作者的公司，其高階主管都能看看這本書，那怕是書裡的一小部份也好。因為我花了不少筆墨說明：電腦自由工作者與僱用他們的公司，兩者的關係必須建立在互利的基礎上。如果公司的經理人，能對電腦發展多份關心，並體認自由工作者為公司帶來的好處，最後的結果必定會讓彼此滿意。

 本書主題

　　簡單的說，本書要告訴你，身為一位以電腦為業的自由工作者，如何存活於職場，又如何能獲致成功的基本原則。

　　本書將同時呈現過去與未來30年，電腦應用的概念、原則與良好的習慣。(本書並不是一本探究電腦應用技術的專書，所以很少用到科技字眼、電腦專門術語或有關電腦軟硬體的特別解說。)此外，本書在談到如何起步創業時，將提供摘要說明行銷的基本觀念、原則、概念與技巧。

　　電腦方面的基本要素，以及其他方面的基本觀念，即使經過時間的洗禮，其重要性依然歷久不衰。而對你們這群想

要在職場存活，並且成功自立門戶的朋友來說，實際了解這些觀念也就格外重要。我在此先把內容概括出來：<u>對客戶經營的生意必須充分了解；建立完善的收付款制度；努力找出經營生意的法寶；以專業級的水準經營事業並指導自己的行為</u>。以上原則的詳細說明請見稍後的章節。

在此先做個簡要的結論，總結前面提過的基本要素與觀念，這些要素相當適用於電腦業與小型企業的經營，因為它們已存在超過30年，而且我堅信它們將會延續到未來30年。無論你身為電腦顧問、程式設計師、系統分析師、技術工程師、網路專家，或是其他電腦相關服務的提供者，相信都能從本書找到個人的成功之鑰。

關於本書的書名

開始的時候，本書的書名原本叫做「以電腦為業的自由工作者，如何存活於險惡的職場」。有位朋友告訴我這種書名太過灰暗，後來因而做罷。看到這樣的書名，你千萬別誤以為，這是本幫助你在短時間內贏得財富與名聲的書。我要表達的不過是：做為一位自由工作者，能在電腦業界營生，已經算是過得去了。你們知道為什麼我的志氣這麼有限嗎？這些年來我看過太多人投身電腦個人職場，他們成立自己的軟體設計工作室，或者以個人接案、按件計酬的方式為大公司服務，這些都是入門者；同時，我也看到許多自由工作者，因為無法生存於電腦業而被迫離開。不幸的是，離開這個圈

子的總是比進來的多。以我自己爲例，在電腦業圈中就曾犯過許多錯誤，有過許多不快樂的時光。但是，無論如何我總是以「求生存」當作個人的經營指標。現在，爲了幫助你們在競爭激烈的電腦職場中生存，我不會只說些我曾做對而值得驕傲的事，我也會告訴你們，我自己及其他同業曾犯過的錯誤。這也是本書的另項重要目標；協助你們避免生意陷阱與經營錯誤。

本書原來的副標題爲「如何成功的跨出自立門戶的第一步，當個以電腦爲業並具專業級水準的自由工作者」，這個標題的意義也很重要。我想要告訴你的是，如何當個自由工作者，如何起步與經營你的事業，如何達到專業級的水準，以及如何以專業的方式導引自己的作爲與事業。

你將在本書不斷看到「專業」這個字眼。在我不同時期的工作歷程裡，我經常形容自己是「專業級的組織家」(Professional Organizer)、「操作手冊的閱讀專家」(Professional Manual Reader) 與「專業級的工作完成者」(Professional Finisher)。這些形容詞都是相當精準的描述，也許你現在還不能了解我在說什麼，但這些都是從事電腦業的重點。我將於書中詳細闡述，爲什麼這些所謂的重點，對你未來能不能邁向成功而言那麼重要。無論如何，「專業」這個關鍵字將會貫穿全書，而且在後續的章節中，我將明確的定義出「專業」與「業餘」的差別。

作者的小故事

1963年我以電子工程系學生的身份，開始了我的電腦工作生涯，當時我用的電腦是IBM1620。以今天的標準來說，該型電腦根本是史前怪獸，在那個時代，對於解決工程需求與學習電腦數位觀念方面而言，這是部相當有用且優越的機器。

1967年我開始在IBM上班，我的職位是系統工程師，設計一些有關於財務方面的電腦應用程式，使用的硬體多半是銀行總行或保險公司總部所裝設的大型電腦主機。在那個時期，公司的企業規模必須這麼大，才負擔得起像「電腦」這種奢侈品。我在IBM訓練的第一階段是密集的十週課程，每天八小時、一週上五天的課。在課程中我們研習基礎的電腦科學、程式設計、系統規劃與商用軟體的應用。這樣辛苦的訓練過程，就像是從熱滾滾的茶壺喝水一樣，但這畢竟是個非常難得的訓練，因為該訓練所強調的重點是：如何運用電腦解決公司與商務需求。

先附帶說明一下，為藍色巨人(IBM)工作了三年，在這期間他們曾給我嘗試業務工作的機會，從此我便一頭栽入了獨立創業的工作行列中，而一晃眼就是25個年頭。我的職務名稱是系統工程師，為不同的行業早做些程式設計與系統規劃的工作。我服務過的行業範圍很廣，早期的客戶包括：家具製造商、醫院、小學、壁爐製造商、重型機械銷售業、銷售花崗岩的公司、微型器械工具箱製造業者、飲料代理商與連鎖經營的麵包店。對我而言，這真是個豐富而多樣化的工作

經歷。

　　最近的15年中，我主要的工作都是為酪農業服務，因為在我的心中始終有個聲音在呼喚著我，就是要運用我的看家本領做些該做的事，像是對家庭式經營的農場與當地經濟做些貢獻。我自己申請的公司名稱就是「酪農業軟體屋」，我還為三家威蒙特最大的酪農商，以及為其餘20家位於北新英格蘭較小型的乳品裝罐場與分銷商，撰寫他們所需要的軟體。

　　做為自由工作者之後，最主要的工作經驗是為較小型的事業體服務，尤其是員工人數介於5到50人、年銷售金額在2百萬美金到2千萬美金之間的公司。我也曾為大型公司服務，像是Braun North America，還有威蒙特最大的兩家公司工作。不論如何，我還是傾向於為較小型的企業體服務。小型企業體預算額度較低，所以我們能賺的錢當然也較少；然而，為小型企業工作，可以明顯的感受到工作的成效，也容易知道自己付出的努力對該公司是不是有貢獻。對我來說，這才是工作的根本意義。

如何使用本書

　　在你開始閱讀下一章之前，<u>我希望你先花時間看一下目錄。</u>從目錄你可以了解本書的綱要，對於不同的主題是以怎樣的方式排列。你也可以從閱讀目錄的過程中，發現你立刻想知道的主題。為了方便你閱讀，本書在各章之前均有段前言，方便你決定該章是不是你想先看的內容。

　　雖然本書的原始設計是希望你重頭到尾依序閱讀，然而在你讀了第二章「誡律」之後，就可以依照自己的喜好而任意閱讀。就當做你已是位自由工作者，或已經擁有這種工作經驗，按照你目前的需求來安排研讀順序。

　　如果你本身就是自由工作者，你可能會覺得，書中的某些內容只是淺顯的基礎理論。如果你真的這樣想，恭喜你，那是個好現象，但請不要因此而停滯不前。經營事業的成功之鑰，都會讓人覺得很「基礎」，不管你曾經歷練過多高層的工作，我相信本書還是有些概念值得你學習。

　　透過犯錯的經驗，我學會了許多重要原則，書中當我在討論某個主題時，給你的感覺也許是 —— 喋喋不休的述說某段故事，不要認為我在演講，這樣寫的目的是要告訴你們，我曾經重複犯下某個錯誤，而你也非常可能會犯同個錯誤，所以我才會不斷的提醒你。

關於IBM

　　在從事自由工作的歲月裡，仍與IBM持續著生意上的往來，因為在北崴蒙特找得到的硬體供應商只有IBM。我雖不時在書裡批評IBM 和她的某些政策，例如　IBM硬體的價格還有她短視的銷售政策。不過，在這裡我還是要提出一些IBM值得稱許的事蹟。

　　和IBM多年共事，我更加認識這個能因應不同行業需求來提供服務的組織。目前，她依然是全球屬一屬二的組織，

公司成員是群能力很高，同時致力於工作的專業人士，與他們一起工作的愉快經驗，是我工作生涯中難忘的回憶。IBM硬體的穩定性很高，穩定的電腦硬體對於我安裝工作的成功與否，扮演著很重要的角色。

此外，還要感謝在IBM所接受的優異技術訓練。IBM對員工教育的投資相當可觀，正因為接受過這樣的訓練，使我擁有當一名自由工作者的能力。我在IBM 接受的正式業務訓練也很優秀，因為IBM擁有全世界最佳的行銷體系，我曾經身在其中所以受益良多。在本書第七章，我將傳授你們基本的銷售與溝通技巧，這是我從IBM那兒學來的，這些技巧經過適度修正，進而應用於我25年的工作中，所以這是我銷售能力的主要出處。這些技巧都是不受時間影響的，即使在今日，它們和我初學時一樣的有效。

 本書集結75年的自由工作經驗而成

為了寫這本書，我導入的不只是我個人的經驗，還包括許多與我一樣，擁有長期電腦業經驗的同僚與朋友的事蹟，我從他們身上發掘出許多觀點，開發出各式的建議，這些自由工作者的資歷加起來，足足有75年之久，相信你從他們身上所獲得的好處，將會與來自我的一樣多。

凡是以獨立創業為志願的人，都會這樣告訴你：當一個以電腦為業，並具職業級水準的自由工作者，生活可以是刺激、有代價且充滿挑戰的；但從另個角度來看，這樣的生活

也可能是挫折、需要有很大的耐性，有時候還蠻令人氣餒的。對我來說，獨立創業的好處與快樂遠超過它的缺點。我樂於沉浸在當自己老闆的自由中，承擔自己個人成敗的責任，而有機會與高水準的人共事，也是我喜歡做自由工作者的原因，這些年來，不論是客戶或工作夥伴，都讓我受益匪淺。

　　誠摯的支持你們突破自我限制，藉由本書的引導，成功地當個獨立創業的電腦自由工作者，在此預祝你們順利！

第二章

二十一誡

第二章

二十一誡

前言

本章文中所條列的「誡律」，都是一些「該做」與「不該做」基本原則，也是專業的電腦自由工作者在職場中的謀生要素。凡是違背這些「誡律」的人，將置自己於險境。 我曾眼見許多同事與競爭者，因為牴觸這些誡律而被迫離開資訊業界，導致其的客戶事業步入困境，並造成了不少問題，讓那些公司老闆到現在還在頭痛。

二十一條「誡律」

YES! **誡律一：選擇對你的客戶有益的事**

在這個漫長的自由工作者道路上，你將會發現按這條誡律行事，永遠是對自己最好的工作方式。

YES! **誡律二：維持專業水準**

以專業的態度經營你的事業，敦促自己達到並維持專業水準，將有助你將滿坑滿谷的競爭者遠遠拋諸身後。

NO! 誡律三：勿做過度的承諾

　　承接超過你能力範圍的過度承諾，不論是工作量還是工作的性質，都會使你走上你和客戶都不願意看到的路。

NO! 誡律四：不跟不喜歡的人做生意

　　由於你現在是受僱於自己，你的客戶就是你的同事、夥伴兼朋友。選擇獨立創業就等於選擇這種人際關係，做到樂在工作中的第一步就是，要能選擇與喜歡的人共事，也就是慎選你的客戶。

YES! 誡律五：確認客戶的決策者參與工作全程

　　確認客戶的決策者參與工作全程，避免與決策者溝通不良，是你順利完成工作的必要條件。

YES! 誡律六：確實完成工作

　　所謂「完成」是指，一份工作就算是完成了百分之九十五，以資料處理的觀點而言，這件工作還是沒做完。從事電腦工作，能做到徹底完成工作者非常的少。如果你能將每件案子都徹頭徹尾的完成，你絕對是電腦業界裡一顆閃亮的巨星。

YES! 誡律七：為客戶提出商業、生意問題的解決方案

　　謹記在心，你的經營方針是解決客戶的需求，不管是他要商業、生意方面的問題和需求，你都要能提出適當建言，

而不是單方面的販售電腦軟、硬體或服務。

YES! 誠律八：深入了解客戶的行業與經營方式

除非你確切了解客戶的行業與經營方式，不然你無法提出對該企業正確而有益的解決方案。你要知道，對客戶的行業有足夠的了解，遠比你擁有電腦專業知識更為重要。

YES! 誠律九：讓客戶的員工當英雄

雖然你的身份是自由工作者，當你在為某個單位服務時，永遠要將自己的身分定位為該團體的一份子。為了讓其他員工與你配合，使工作進展更為順利，你絕對希望和與你共事的員工和睦相處，大家工作愉快，所以，讓他們當英雄吧！一切過程就會如你所期。

YES! 誠律十：做正確的事比做討喜的事更重要

你會發現在某些時候，選擇做「對公司有益的事」，會讓你變成客戶員工眼中的討厭鬼。準備當一位不受歡迎的人物吧，如果你所做的事是必須的，例如：讓電腦系統正常運作的準備工作；確認所有的控制動作都能發揮效用；或是強迫執行備份的單調而重複的程序等等。

YES! 誠律十一：備份，備份再備份

對資料檔案做「適當」與「適時」的備份，是我等電腦工作者義無反顧的職責，如果你受到來自操作人員的抱怨，

請參照誡律十──「選擇做正確的事」。

`YES!` 誡律十二：對於系統控制要堅持立場

公司若缺乏良善的控制管理，該事業體會逐漸遭到破壞。同樣的道理，就算你的堅持引起其他員工再大的反感，也要確切了解電腦控制系統，讓資料處理過程依照你的計劃執行工作（參照誡律十）。

`YES!` 誡律十三：組織，組織再組織

在本書的第一章中，我幾次提及我有時候自許為「專業的組織者」，讓自己與客戶保持工作進度與程序的組織性，這是身為電腦專業人才的重要職責。

`NO!` 誡律十四：如何說「不」

當你被要求嘗試去做一件過度複雜的計劃，或是這個計劃根本就超出你的技術能力，又或者它根本是個爛主意時，記得說「不！」。如何能以自由工作者的個人身分存活於職場，完全取決於你能否仔細篩選工作，並且適時說「不！」。

`YES!` 誡律十五：迅速、準確與定期地送出帳單

造成新事業體崩塌的各種因素中，沒有一個會比「應收帳款發生問題」來得快。唯有完善的收款制度，才能真正避免這種困擾。

YES! 誡律十六：保持低管銷費用

身逢新事業的開創，身分又是個人工作者，能否存活於職場，就端看你控制日常花費的能力。在創業起步的頭幾年，你的收入可能相當有限，所以你必須將開銷控制在最低的範圍。

YES! 誡律十七：為客戶提供單純而簡單的解決方案

在電腦業界中，幾乎找不到什麼解決方案是格調極高、複雜、高技巧又很考究的。提出太過複雜的系統，只會增加自己的麻煩，切記，將解決方案以單純的方式呈現就好。

YES! 誡律十八：發展自我激勵的方法

身為一位自由工作者，情緒低落的時候，是不可能會有人走過來親切地拍拍肩膀鼓勵你的，所以你得能發展出自我激勵的方法。

YES! 誡律十九：當所有的嘗試都失敗時，記得閱讀操作手冊

另外一句我經常掛在嘴上的話是：「我是電腦操作手冊的閱讀專家」。知道如何運用資訊、在那裡取得正確資訊，是成為專家最重要的一件事。

YES! 誡律二十：現在就做

不論你接到什麼工作，最初你可能會認為在一、兩天之內就能將它完成。然而讓你分心的事務總是會在不預期的狀

況下出現，結果使你不能按時完工。因此，唯有立刻動手開始做，才是達成任務的最佳手段。

YES! 誡律二十一：樂在工作中

　　如果你不能樂於成為受僱於自己的身分，你便失去了做為一個獨立自由工作者的所有意義。

　　這些「誡律」是基本原則中的基本原則，想要在職場求得生存，享受身為個人自由工作者的樂趣，就得嚴格遵守這些「誡律」。如果因為在本書中重複讀到這些誡律而覺得厭煩，請記住，這些誡律在電腦業界中已經傳頌多年，而且從不曾被擊破或否定。

「誡律」的來源

　　這些「誡律」，部分是學自IBM，IBM在控制與管理電腦資料方面，其成績是相當卓越的。其他「誡律」則是累積自我個人多年來的成敗經驗，與觀察其他自由工作者的經驗集結而來的。

　　工作28年以來我犯過很多錯，我重複犯的錯尤以誡律五——「確認決策者參與工作全程」的次數最多，換來的下場都很慘。誡律三則是工作者最容易犯的錯誤——「不要做過度的承諾」。尤其是在景氣不好、生意清淡的時候，要做到拒

絕生意上門是很困難的事，但就是因為我能堅守誡律三，我個人事業才能存活至今。

 誡律的運用

在發展這些誡律的過程裏，其中某些誡律明顯已演變成經營事業的基本原則，這方面將在第四章詳細說明；其他誡律的性質比較接近於日常生意營運的原則，我將於第五章詳細說明；而一些性質介於兩者之間的誡律，在這兩章都會看得到。

首先，讓我們先從專業電腦自由工作者的創業開始了解。

第三章

工作者就是能這麼有彈性的運用時間。

2.)不再有人事問題

沒有人能開除你、要求你轉調單位，也不再會被一些莫名其妙的人，忽然將你放逐到某個陌生的部門。企業體在照顧員工或福利政策上的短視，總是令人沮喪。但是你受僱於自己，你為誰工作與做些什麼，決定權都在你身上，你就是自己的老闆。

3.)擁有言論的自主權

這是一般僱員無法享有的權利，你因為是約聘的自由工作者，不會有什麼損失，因為沒人能開除你。同時，你常會成為企業體中很有價值的溝通管道，代替其他員工說出想說的話。

你可以敲開總裁辦公室的門，大步走進去，大聲說出混亂的情況，這是重要而珍貴的事。你將不必永遠做個聽話的人，你的意見也不會永不見天日，能夠大聲說出問題，並且協助別人解決，這種感覺真的很棒。

4.)深入了解企業的經營運作

身為自由工作者，你將有機會與許多不同的單位共事，也有機會深入了解不同企業的經營運作，以及導致營運不良的原因，這是非常有價值的經驗。

5.)仍擁有再回到企業體系工作的機會

假如你有狂熱的企圖心，又非常的專業，還能把工作做的很好，你的客戶可能會提供你就業機會。當你成為企業團隊的一份子，該企業很自然地會希望你留下來服務。所以，

當你對自由工作漸感疲憊時，你隨時會有機會再回企業體工作。

6.)稅賦優惠（譯者註：以美國地區而言）

假如你的辦公室就在自己家中，居家花費中的特定比例可以減免稅捐，關於這點，要根據個人的實際情況而定。當然，身為自僱的自由工作者，還是有許多的稅賦優惠。（譯者註：以台灣地區規定而言，住宅地區不得做為商業用途，須先聲請變更使用，或者限做辦公室之用。）

這些正反兩面的論點，只是你在轉向從事自由工作者的新事業之前，必須先考慮到的優、缺點。我自己得到的結論是很明確：在過去的25年間，我以個人獨立自僱的自由工作者為業，而且想不出更好的生活方式。我希望在你讀完這本書之後，你也會和25年前的我一樣，渴望成為自由工作者。獨立、自僱的自由工作者，是經營自我事業和生活的美好方式，是你應該選擇的方向，也許這會是你今生第一次能夠掌握並主導自己的生命。

 Ⅱ.確認自己的目標

在市面上有無數關於如何創業的參考書籍，還有如何經營小型企業的學問；事實上，成為獨立、自僱的自由工作者，是目前十分熱門的話題。不過，如果對自己成為自由工作者沒有明確的目標，你很容易變成隨波逐流的人。所以，

不要忘記，確認自己的個人、收入及生意目標。

ENTER　個人目標

　　你的個人目標可能很單純，只是渴望盡量擁有個人的自由時間，你也可能很有野心，想要每天工作24小時，這完全的是你個人的選擇。我在20年前搬到崴蒙特的時候，我的最高生活目標是，每週七天都可以做徒步旅行，還有，更多的自由時間。

　　你的個人生活目標可能和我截然不同，不論如何，<u>重點都是你自己要很清楚你的工作目標，並且賦與它們明確的定義</u>：當你自己都無法具體了解真正的工作目標時，你的工作就會不斷與你的生活產生衝突和矛盾。

　　訂定個人目標時，你必須要能分辨「喜歡做某事」與「精於做某事」之間的差異。好比說：你精於粉刷房舍，因為你行事重細節又井然有序，所以你可以將粉刷的工作做得很好，　但粉刷房舍應該不是你喜歡而又樂在其中的事吧；同樣的道理，你精通電腦，並不意味你會希望電腦完全支配自己的生活。（這種情況經常在你自己默許之下發生。）

　　如果你運氣很好，對電腦很精通又很能享受電腦工作的樂趣，那你真是有福氣，你就是那種能將興趣與工作完全結合的人。但是，我還是要在這裡勸你再仔細想想，還有沒有什麼事是你更喜歡做的？在定下自己的目標時，別忘了將你喜歡做的事也加進去。

ENTER　收入目標

我在IBM的行銷體系中學到最重要的一課，那就是定下收入目標。唯有收入目標明確，你才能決定該用什麼方法達到它。

<u>訂定工作收入的目標時，最重要的是它必須與你自己的個人生活目標一致</u>。假設你的目標與我一樣，是要擁有充足的休閒時間，你的收入目標就要調整為中等的收入；換一種情況，你自己的目標若是昂貴的嗜好或奢華的假期，你的收入目標就自然得調高了。千萬不要忽視工作收入和個人生活這兩個目標的一致性。

ENTER 營運目標

在你的營運計劃書上，<u>明確的定下要為客戶提供怎樣的服務或服務組合</u>（套餐式服務），這是很重要的一項，也是影響你能否在工作上找到樂趣的主要因素。至於如何選擇服務內容，我會在下一章節深入探討。

另個你要做選擇的事項是，選擇你將要提供服務的企業體的大小與行業別。談到服務對象的大小，我認為員工人數在10到50人之間，年銷售金額為美金二百萬到二千萬美金之間的單位，是你最佳的服務對象。當然，這種規模的公司，並不能讓你為自己賺進最多錢。但它能讓你在工作上享受最大的樂趣和成就感，而這兩樣才是支持你繼續邁向成功的要素。

該為哪些行業服務？怎樣做選擇？由於你本身曾為某個行業工作過，你會為該行業的需求提供獨到的解決方案，就

好像我在<u>誠律七中強調的──「為客戶提出商業、生意問題的解決方案」。</u>除非你很想擺脫你原本的行業，否則，最好的方式就是從你熟悉的行業開始。因為，從有經驗的行業開始，在起步成為自由工作者時，你就已經領先別人一步了。

　　總括本章節提出的觀點，我建議你們在起步之前，先確立自己的目標，也就是你想要如何運用自己的時間，像一天要花幾小時或一週花幾天在電腦工作上等等。<u>將自己的目標明訂下來，而營運目標與收入目標，都是用來輔助自己達成個人目標的。</u>

　　成為自由工作者，真的很值得。你所擁有的是充分的彈性自由，自己決定你的生活要怎麼過。但不要忘了，要是變成被工作支配生活，而不是由你支配工作的話，工作就隨時有機會將你生吞。

 Ⅲ.決定你將提供何種服務

　　你可以在書店找到各式各樣的創業指南，教你怎樣評估自己的特長，展現自己的優點（像和藹的笑容、整潔的指甲、易於共事等）來成就你的事業。但是在這裡，我要直接切入開創電腦事業的第一步：「你要賣什麼產品？」，你要賣的是電腦硬體？還是軟體？系統分析服務？辦公室電腦化的諮詢與安裝服務？還是前面所說的綜合體。現在，讓我們逐項來了解可行性如何。

1）.硬體服務

　　只要深入點思考，就會發現自己研發、產製電腦硬體似乎是不太可能的事。比較可能的情況是，代理銷售某家或多家硬體供應商的產品，成為它們的經銷商。這種情形會延伸出兩個問題，第一是在開辦之初，你需要準備一筆資金；第二是你代理的硬體會有一定的限制，這難免會有遺珠之憾，相對的也限制你可以提供給客戶的解決方案。此外，<u>這種情況也容易與誠律——「選擇對你客戶有益的事」相衝突。</u>

　　就我的立場來看，我會盡量避免代理電腦硬體這類的服務，因為這樣的工作必須對「誠律一」的原則做過多的妥協。如果，你承接的案子必須要搭配硬體的銷售，我建議你代理能找得到的最佳品牌，而且，要求自己定期檢查代理商品的品質是否仍維持水準。在相信自己賣給客戶的東西一定是最好的情況下，你才能毫不猶疑的勇往直前。

　　我們要怎樣分辨，如何做選擇，對客戶才會「最好」？在此舉出硬體銷售時的另種做法供大家思考。譬如說，你賣給客戶的軟體，一定要在特定的硬體上才能運作時，這個時候你要怎樣做，才是對客戶最好的呢？我的方式是這樣——由於因為硬體在整個解決方案上，通常是扮演最不重要的角色，所以，要是硬體的功能不夠，對客戶最好的折衷解決方式就是，選擇最新、最適用的軟體。

2）.軟體服務

這類的服務應該是自由工作者最能貢獻能力的領域，不

論服務對象經營型態是大是小，或是屬於那種行業，設計軟體都能實際解決它們的需求。接著就軟體的種類分別討論：

 **提供傑出的程式撰寫服務：**做了25年的自由工作者，我所提供給客戶的就是這類的軟體　　　從開始了解客戶的需求，到設計一個能解決客戶需求的方案，再將方案轉換成程式碼，一直到程式能正常運作都全程參與，這樣的工作令我自己感覺到很充實。而且，我對整個案子負起完全的責任，承擔所有的成敗。對我來說這種完整的參與感，就是身為自由工作者的全部意義。

　　銷售自己的作品也不完全是為了成就感，每當你寫下一行程式碼，你就背負了一份義務，這行程式的維護工作就是屬於你的。你必須要確認這種義務的存在，而且要去履行它。不論你多會寫程式，工作態度有多謹慎與精準，你都會有寫錯程式的時候。基本上這是事實，而不是由你決定要不要讓它發生。此外，你要謹記在心的是，程式往往都在最無法預期的時候發生狀況，譬如月底、年終、週末、或者在晚上下班之後。所以，當你打定主意要銷售自己寫的程式之前，要先確定你已有心理準備隨時待命維修程式。

提供其他廠商的套裝軟體：販售他人寫的程式的最大好處就是，可以減輕維修的責任，因為這些責任已經轉到軟體供應商的手上。軟體供應商在你售出軟體後，會提供你佣金，這是用來支付你對客戶做訓練與輔導的報酬。

　　目前，市面上有許多套裝軟體功能都相當優異。對你們

來說，銷售現成的套裝軟體是個不錯的主意。

🌐 **修改現成的軟體以符合客戶需求：**適當修改別人寫的軟體來滿足客戶需求，這可以省去從頭開發新軟體的麻煩，是一種不錯的賺錢方式。據我所知，有不少軟體工作室光是靠因應客戶的個別需求，修改IBM提供給製造業用的軟體，就可以經營得光鮮漂亮。

修改現成的程式比自己從頭寫要省功夫，如果你仔細的將所有待修改程式的原始碼都預先備份，就可降低修改失敗的風險。程式除錯(debugging)的工作量也比從頭寫程式來得低，因為你只需針對那些更動過的部分除錯即可。

這樣說起來，好像修改現成的軟體是最好的選擇，其實也不然，真正的考量點是你對修改的功夫拿不拿手？有沒有慧根？我就不是這種人才，每當我閱讀別人寫的程式，就會陷入迷惘，搞不清楚某段程式的用途？怎樣修改才能達到我要的目的？更擔心一個小的更動，造成許多預料之外的影響，最後我只有放棄這類工作。

但是某些程式師在這方面就很在行，他們幾乎瞟一眼待修改的程式，就能了解這程式的來龍去脈，而且能將它改成他想要的。所以當你有從事修改現成程式的念頭時，不要輕易的打消它，不妨先試試看再做決定。

🌐 **綜合性服務：**能綜合上述各類軟體服務提供給客戶，自然是最理想的經營狀態。客戶的需求在某些時候是需要你獨

到的洞察力，深入客戶商業需求的核心，以你無與倫比的系統開發能力與精湛的程式設計技巧，為它做一個完整的解決方案，這種案子對於自由工作者而言，是最有成就感的工作。另一種情況，客戶的需求僅需現成的套裝軟體，加上你的電腦應用專業知識加以輔助，就能完全解決問題而且效率大增。還有一種狀況是，客戶有些特別需求，但只須修改現成程式即可。如果上面所舉三種情況，你都能提供服務解決客戶需要，就自由工作者開發生意的立場而言，你可以服務的對象簡直就多得難以想像。

　　不論你要從事那種軟體服務，要是能把握下面兩點原則，就能無往不利：a) 和客戶一起解決問題。b) 當你選擇要為客戶提供何種服務時，要考慮怎樣的花費對客戶是最經濟的。

3）.成為系統分析師：

　　在電腦的領域裡，「系統分析師」與「顧問」這兩個頭銜的意義經常被混淆。我認為在電腦分析與設計工作中投入較多者，才堪稱為「系統分析師」。電腦業裡對顧問這名詞的解釋是：「某人借了你的手錶，來告訴你時間，最後還要將向你借的手錶賣回給你。」很不幸地，這樣的描述對 高掛「顧問」頭銜的人實在是太貼切了。我所遇到過的顧問，就好比吹入企業裡的一陣旋風，跑過來對公司的主管階層，指出企業內哪裡有問題，提出一些含糊的建議，接著給你一張高

額的帳單，然後就消失的無影無蹤。而因為這種可惡的顧問，每當有人問我是做什麼的？我清一色的答覆是：「我是程式設計師」。一位系統分析師會鉅細靡遺的將解決方案中的小細節告訴你，其中包括：你日後看到的商務報表的內容與格式；鍵入那些資料；操作流程是怎麼一回事；最重要的是，系統分析師還能預見整個案子執行後的結果。

寫到這裡我要特別提醒你們，如果你選擇以系統分析師為頭銜，你必須具備隨時解決問題的能力，而且凡是你提出的建議或企劃案，它的內容都一定要詳盡。幾乎任何人都或多或少能將某家公司或企業的潛在問題抓出來，但是能抓出問題又能親身參與解決問題的人就少之又少了。

對於從事程式開發與系統分析的工作者而言，一定要謹記誡律六 ——「確實完成工作」。業界裡具有這種道德行為的人非常稀有，這些年來我在電腦業界之所以會小有名氣，不外是我執著於督促自己，將每件經手的案子都徹頭徹尾的完成。

4）.成為辦公室電腦化的諮詢與輔導安裝者：

辦公室自動化與電腦化的趨勢，使得大量的電腦相關產品步入辦公室，分別應用於區域網路、通信或是用以解決某些特殊需求。應用的機器種類多，設定與安裝電腦相關設備的人才，需求也就愈來愈大。我個人因為缺乏這方面的相關知識，常使得我在提供客戶服務時有所缺憾。通常我與客戶談到這個部分時，僅能推薦他們去找有辦公室自動化服務的

供應商，這種情形常使我的客戶被某些居心不良的硬體商所擺佈。

因應辦公室自動化所需的人才如下：

a)具有觀察對某間公司或某個部門運作現狀的觀察能力。

b)具有使這間公司或部門發揮最佳效能的提案能力。

c)針對前面所提增進效能的方案，有能力建議應加入那些電腦軟、硬體設備。

d)最後將所有的電腦軟硬體設備連接、安裝、設定妥當，並教會辦公室內的使用者如何使用，完成執行整個方案的能力。

這種需求及相關的商業行為，都有待「資訊高速公路」建立完成時才能真正的成長。

目前來說，這種安裝諮詢與輔導的服務，都還是由販售辦公室自動化產品公司的業務員或工程人員所提供。市場上當然需要更多人才提供此類服務，「自由工作者」可以從不同供應商的產品中，選出最適合客戶需求的軟硬體，然後負責組裝設定成為一套運作系統。像這種服務，是自由工作者穩定收入的大好機會，因為可簽定後續維修或系統維護合約。

對獨立創業的自由工作者來說，辦公室電腦化的諮詢與輔導服務，可說是條充滿機會的大道。如果你剛好又是個喜歡凡事親身體驗的人，樂於組合一套系統，看著它在你的努力下完善運作，那你一定會樂此不疲。如果我現在才進入電

45

腦這行，我會很認真的考慮從事辦公室電腦化的諮詢與輔導。

總結本章節的內容，不論是販售軟硬體、系統分析師還是辦公室電腦化的諮詢與輔導者，都有可能是你提供的服務。然而，不論你最後決定為何，<u>最重要的原則依然是誠律七──「為客戶提出商業、生意問題的解決方案」</u>。為了能確實實踐誠律七，你還要做到<u>誠律八 ──「深入了解客戶的行業與經營方式」</u>。也唯有全盤了解客戶的經營運作，你才能提出最適合該公司需求的方案。

你是不是已經對我一直提到誠律而感到厭煩？如果你真的有這種感覺，我在此先說聲抱歉。不過等到你讀完本書，你應該已經養成隨時在心裡面複誦這些珍貴誠律的習慣。

IV.應注意的開業細節

在開始你的新事業之前，我要談些你需要注意的細節。在面臨起步的重要關頭，請將<u>誠律十六 ──「保持低管銷費用」謹記在心</u>，千萬不要用你光鮮亮麗的名牌服飾吸引你客戶的目光。小事業，哦不，其實是所有的事業都是以勤儉起家的，所以你的客戶絕不會輕視你整潔、樸實的外表。在目前這麼競爭的市場中，保持低管銷費用，你的價格才會有競爭力，而這對你和客戶而言也很兩全其美。

1）.辦公室的大小：

這項考慮比較單純，你可以考慮利用自己的住家，而且就我所知，以住家的部份做為辦公場所，在稅務上有一定程度的減免優惠(譯者註：美國稅法)，不管怎麼計算，你的住家原本就是要付房租或房屋貸款，如果可能的話，建議你在家中規劃出一個不受干擾的工作區，國稅局會檢視這個區域。就算不是為了稅捐，規劃一個工作區本身就是個好主意。

2).公司名稱：

為公司取名字要愈簡單愈好，當我第一次掛起我的小招牌，在招牌上單純的寫著我的名字「理查‧羅修」—— 系統工程師(我所以自稱為系統工程師是因為，我在 IBM的職稱就是系統工程師)。如果你受過某些特殊訓練或具有特別專長，不要忘了加在公司名字上，讓大家知道。

如果你對個某行業特別有經驗，別忘了在為公司命名時，將這行業的名稱加到你的公司名稱內。公司名稱要包含你拿手的行業或專精的服務，這有助於吸引你的客戶。當我的生意主要對象是酪農業時，我便將公改名為「酪農業軟體屋」(Dairy Industry Software)。由於酪農業是我主要的服務對象，取了這個名字後，世界各地有此需求的人都會主動與我聯絡。我常在想，如果我願意承受長途旅程的勞頓，我從全球接到的生意會多到做不完。所以，盡可能讓你的公司名稱充分反應你主要的服務。

但是，當你對其他行業也有獨到知識，且不願將生意限制在單一方向時，當然就不適用前述的命名原則。事實上，

並沒有規定限制你只能有一個公司名稱，當我決定要寫這本書時，就多了「金工屋出版社」（ Turner House Publications ）這個公司名字。

　　我要提的最後一點是，可以的話要將「營運事業」這字眼加到你的公司名中，因為自由工作者真正的工作是，對客戶營運事業的需求提出解決方案，如果你能將此概念植入你的公司名中，你的客戶就能了解你是真正知道他們的需求，因此你得到生意的機會便大大增加，大部分從事電腦工作的人都不知道這個道理。

3）.為你的服務定價：

　　你所提供的服務應該怎樣定價？這是件既重要又很難開頭的事。分析到最後，首先，你定出的價格必須是客戶負擔得起的；其次是你所提供的服務，是否具有對等的價值？（有什麼優於他人的特色？）；最後，才能考慮你自己的收入目標。我非常建議你，定價時的心態要持平，雖然你提供服務是用來維持生計，但除非你提供的服務確實有商業價值，而且也符合購買者的成本效益，否則，生意是不會成交的。

　　你提供的服務，能賣出怎樣的價格，與你工作的地方是鄉間或城市，你的對象是中小企業還是大企業都有很大的關聯；當然啦，競爭者的多寡，也是考慮的因素之一。在定價前一定要仔細考量，並對你將開業的地方做些市場調查，還要記得細讀第五章中的定價與估價這一節。在確定報價結構前若沒有想清楚，不論你報的價是太高或過低，都會導致同

樣的結果：很快就被市場淘汰。

4）.與客戶的溝通：

你與客戶間的聯絡管道必須隨時暢通。這句話的意思是，你得裝設答錄機或其他答錄裝置，以應付客戶的召喚。傳眞機也是非常重要的裝備，一封傳眞可爲你省下不少與客戶口頭反覆聯絡的時間，而且會更爲精準。你不需要另外申請傳眞專線，可使用多功能的電話傳眞答錄機，它會自動分辨來話信號幫你跳接。

你的服務內容如果包含程式設計，那麼擁有直接連線到客戶電腦的數據裝置，可就更有價值了。過去我曾花數百小時與客戶通電話，溝通如何解決出了狀況的程式。如果當時能直接連線並修改程式的話，不知道有多好。不過，仍屬開創期的你，可不要因爲這些好處就去購買這些昂貴的設備，一定要在收入能承擔這類支出時才下手，還是那句老話：保持低管銷費用。

5）.次要的細節：

設計公司的信封、信紙、名片時，都要簡潔而專業。至於公司的註冊和登錄，若非尋求專業人士的協助，就是要主動了解相關法令。針對你的情況，不論是做個人公司，還是與他人合夥，務使稅務、公司法令等都對你有利。

 V.如何贏取你的第一筆生意

　　創業之初最困難的部分，就是贏取你的第一筆生意。記得當我剛搬到崴蒙特時，我對能得到的工作完全沒把握，口袋裡僅有200美元現金，所有的家當都塞在我那部福斯汽車的後車箱裡，還有許多待付的帳單。但是，我開始了我的生意，而且我學會如何以很少的錢過生活。

　　在這個用十根指頭就能數完電腦使用人數的崴蒙特州，開創電腦事業唯一的指望，就是與 IBM 的業務代表聯絡。IBM 的立場就是賣硬體，而我可以藉著我寫的軟體，搭配IBM 的硬體銷售。我用這種共生關係維持了一段時間的生計，經過一段時間後，我能接到的工作甚至還超過我的工作量，我自覺很幸運曾與 IBM 的業務代表聯絡。事實上，你們也可依樣畫葫蘆，用類似的方式，試著先找一個硬體供應商配合。

　　開發生意時最重要的是，你所提供的服務或產品一定要能真正解決客戶的需求，對他的營運有助益，否則他是不會採用的；此外，任何行業在安裝與適應熟習一個新系統時，最需要有人從旁協助。常將這兩點放在心上，我們就可開始了解開發生意的方法：

　　1）.與相關廠商聯繫：

　　要與軟、硬體供應商聯繫，讓他們知道有你這號人物的存在，軟、硬體供應商都很容易接納能幫他們多賺錢的人。你要知道這些銷售軟、硬體的供應商，都希望他們的客戶被

照顧的妥妥貼貼，只要你能幫助他們達到這個目的，他們會愛死你（雖然愛你並不意味他們會付你錢）。

2）.直接與你的目標客戶聯繫：

另一種開發的方式，就是直接與你有意服務的行業接觸，而且，最好能直接連絡到主事的人。向他們自我介紹，讓他們了解你所提供的服務，試著當場了解他們可能的需求，並提出解決方案。如果你是技術人員出身，對你來說很可能不適應這種直接銷售的開發動作，然而在創業之初你非得如此嘗試不可。

3）.與前任雇主接洽：

你的前任雇主可能就是你的第一筆生意，許多行業都試圖減少全職員工，主要是為了減低勞保、健保、及其他員工福利方面的負擔。身為自由工作者，你提供給這些行業一個較省錢的選擇，讓他們在有需要時僱用你；當不景氣或不那麼急迫時，就可省下僱用全職員工的固定開銷 。除非你離開前任工作的原因是出於被迫、被解僱，那就另當別論，否則，試著與前任雇主談談，以約僱的方式工作，許多自立門戶的自由工作者，在起步時都是以此維生。說不定你現在的老闆就希望你是個約僱者。

4）.從求職廣告中開發生意：

在當地的求職廣告中找找看，凡是尋求「程式設計師」

或是「系統分析師」的，都可試著與他們聯絡，了解一下他們有沒有聘用約僱者的意願。如果將所有的假日與法定福利估算進去，全職員工對雇主而言等於付了兩份薪水，所以身為自由工作者，這種約僱的身分，可以提供企業一個相當有吸引力的選擇。

5）.與當地的軟體工作室聯繫：

軟體工作室經常會提供程式轉包的機會，這樣的心態和雇主喜於聘用約僱者的立場是一樣的。軟體工作室也會以付時薪的方式，聘請你去服務他的客戶，雖然待遇不高，但可吸收到不少經驗。再怎麼說這也是一份收入，而且，你依然保持你的自由身。我最初當自由工作者時，就是類似這種合作型態，回顧整個過程，對軟體工作室與我而言都相當的愉快，我也因此而起步成為獨立的自由工作者。

6）.找會計師事務所與顧問公司談談：

會計師事務所與顧問公司經常與各類大小公司接觸，而且對客戶的生意問題也很熟悉，他們的工作是幫客戶的需求做建議。找幾家當地的會計師事務所與顧問公司，向他們介紹你自己，並且將你的經歷、能力等資料留給他們，讓他們知道你提供那些服務。

7）.閱讀雜誌廣告：

閱讀流行的商業雜誌分類廣告，你要找的是：有沒有軟

體開發公司需要短期的程式開發工作，或是有沒有那家公司用得上你所提供的服務。軟體事業有大量的轉包工作，也許你就會剛好碰上。就算不是為了開發生意，常看看商業雜誌，你也能藉此知道同行的高手們，推出了什麼新東西。

8).刊登廣告：

在我開發生意的過程裡，雖然沒有採用刊登廣告的方式，但是，我見過許多這類型的廣告，我想應該是有它的作用吧。我建議你們如果要登廣告的話，區域性的報刊或是商業雜誌都是不錯的想法。但是，要注意刊登的位置要與你提供的服務有關聯。我見過報紙有為特定行業做的專屬增刊廣告，這就應該是個不錯的刊登位置。至於廣告的文案，你要簡述你的工作經驗，你想要為那些行業做那些工作，在字裡行間要呈現出你對工作的熱誠與積極態度。

9).參加當地的工商社團：

你可以考慮加入當地像是獅子會一類的工商社團。你的目標很清楚，是為了要建立與各類生意人士的聯繫管道。不要認為這是旁門左道，事實上，這是大家加入此類社團的共同心態，套一句時髦話，這叫做建立「人際網絡」。

10).與當地的地區發展協會建立關係：

幾乎所有城市與鄉鎮都有它們的「地區發展協會」，協會的目標是推動當地的商業發展與吸引新事業的投入。你要讓協會的人知道有你這號人物存在，讓他們對你的品質、能

力，以及能提供的服務感到景仰。因爲這批人對當地的事業
體與可能引進的新事業關係都相當好，也是可以善加利用的
一環。

　　總結這些獵取生意的方法，就是要讓你的名字在當地的
商圈裡眾所皆知，還要告訴大家你提供那些服務，有需要時
可以找你幫忙。最重要的是讓他們知道你很熱誠，而且會積
極的幫助他們解決問題。

　　要記得，接第一筆生意往往是最困難的，如果耗費的時
間較長，你也不要灰心，因爲日後花在這方面的精力會愈來
愈少，只要堅持下去，你會發現你的名氣會取代你的銷售動
作（光靠你的名氣就有源源不絕的生意）。你一定要體會這
些，才不會拒絕做生意。

　　還有，每個自由工作者都有一籮筐關於「第一筆生意」
的故事，內容不外是他們曾面對過的艱困環境。所以，當你
碰到的第一筆生意令你感到不悅，不要難過，反正外面還有
許多公司可以讓你選擇。在這行多待幾年之後，當你回頭再
看這段創業的時光，你會覺得這坎坷的起步眞的很好笑，然
後你也會有許多故事可以告訴後起之秀。

第四章

生意與道德方面的基本原則

＊I.八條誡律的延伸闡述
選擇對客戶有益的事
維持專業水準
不跟不喜歡的人做生意
確認客戶的決策階層參與工作全程
為客戶提出商業、生意問題的解決方案
讓客戶的員工當英雄
做正確的事，比做討喜的事更為重要
發展自我激勵的方法

＊II.嚴禁事項　　要訓練自己習於避免做的事
不要因為自己的偉大成就而自我膨脹
切勿洩漏工作機密
拒絕工作不要猶豫不決

＊III.遵行事項　　銘記於心，務必實踐的重點。
讓自己成為客戶公司中的一份子
教育你的客戶
成為客戶事業體中的溝通橋樑
隨時待命做任何你必須做的事
切記，你賣的貨品是你的時間
牢記，你的名譽就是你的全部
堅守基礎原理

第四章
生意與道德方面的基本原則

前言

　　本章將會說明自由工作者在營運電腦事業時必須把握的重要原則。某些原則已經在第二章以「誡律」的方式陳述，在本章我還要將這些誡律擴大闡述。接著檢視一些更基本的原則，雖然這些原則不太能歸納成誡律的形式，但它們還是很重要。

　　如果某些原則對你來說似乎是理所當然，讀起來味同嚼蠟，請你要忍耐。因為這些要素對自由工作者而言非常重要，你將靠它們在職場上存活，同時這些要素能讓你擁有專業形象，且成功地營運事業。也許要再多幾年你才能領會這些道理的重要性，現在就請先相信我。

1.八條誡律

誡律一：選擇對客戶有益的事

　　如果你做生意時能遵循這項基本原則，你將會與客戶建立長期的生意關係，而且這關係是建立在信任與互利的基礎上。你要了解，這條誡律並不是要你免費提供服務。你創立

事業的目的就是要維持生計，如果什麼都免費提供，你馬上就會關門大吉，這對誰都沒好處。所以記住，在職場上存活，對你自己和客戶都很重要。

要了解「永遠選擇對客戶有益的事」並不等於 「客戶永遠都是對的」。用客戶絕對不會犯錯的心態來對待客戶是很荒謬的，而且，這種做法帶來的結果，只會貶低你自己的身分。

有時客戶的作為根本就是錯的，這時你的職責就是要讓他知道他是錯的。要知道自由工作者的角色，一方面是合夥人，另方面又很像地位平等的共事者，是你客戶事業體內重要的一環。如果你忽視公司內部存在的問題與錯誤，你就是在傷害公司。像這樣就絕不是對客戶做有益的事。

● 誠律二：維持專業水準

為了要當個自由工作者，不管你付出多少努力，怎麼都比不上以專業的態度來經營事業，並讓自己達到專業級水準來得有用。你的專業程度，同時也是判定你事業會否成功的要素。以下是專業表現的重點事項：

a) 守時：與客戶約會永遠要準時，如果你在面會或拜訪時遲到，這不僅違背商務習慣，更是連普通的禮貌都沒做到。

b) 收帳：給客戶的帳單要及時、正確和清楚，記得要經常這麼做。你有過與律師交涉的經驗嗎？我曾有過兩個月後才收到律師帳單的經驗。你可以想像，在收到帳單的瞬間，要重新回想到底是誰為你做了什麼事？這完全是在考驗自己

（客戶）記憶力的極限。要讓客戶感覺你的公司具有專業水準，寄發帳單就要及時、正確和清楚。

c) 後續的追蹤： 在打完一通電話，覺得成交的機會很大；或與客戶開完會後，他對你提出的方案似乎很有興趣時，記得在業務接觸之後寫封信給他們做後續追蹤。你寫信給有希望成交的客戶，而你的競爭者如果不做這樣的事，你就勝他們一籌了。

做文字記錄可以強迫自己回想與客戶交談的內容，然後在腦中重新整理應對的措施；與客戶討論時所做的承諾，也能經由白紙黑字不時提醒自己。不要擔心，我不是叫你寫一本書，把該寫的寫下來就好了。

d) 寫作能力： 如果你不擅於文字表達，趕快改善這個狀況。時下許多教學機構都有提供成人再教育課程，你可以在那兒學到很多。書面東西的表達要明確，你接不接得到生意，經常取決於你在書面上的說服力，也就是能不能將你的想法說清楚。

e) 錯字與白字： 如果你與大多數人一樣，在拼字與校正上不在行，趕快為自己找個厲害的校對者。你會被你發生過的失誤嚇一跳，書面上的錯字或白字對於專業形象的傷害是最嚴重的。雖然每次我都反覆檢查我所發出的文件，但往往會在文件最重要的部分發生錯誤，像是在標題或是第一句話等。每當想起我曾在一封寄出的信上寫著：「親愛的史密斯先生…」時，都還會令我不自禁的害怕起來。

f) 外觀： 你的外觀與穿著要符合你從事的業別，當然，

整齊和清潔是不在話下的。當你為銀行服務，你當然要穿正式的辦公服飾；換句話說，當你為營造業（或酪農業）工作，西裝革履就會讓你看起來像個笨蛋。出門前運用你的判斷力分辨一下，你要去的公司適合穿什麼衣服。

g) 公司印刷品的抬頭與名片：要簡單明瞭。我比較喜歡IBM以前的「白襯衫」表現法。印刷的式樣與材質要有質感，最好是單純的白紙黑字和標準的大寫字母，光憑這樣的名片，就已充分說明你想解決企業需求的意圖。這項原則當然也有例外的時候，譬如你專精的是電腦繪圖，這是屬於藝術方面的事物，你當然可以將你高超的技藝展現在對外的印刷品上。

h) 為人正直：要具有基本的誠信與公平公正，然後做到為客戶做一天事拿一天錢的原則。

i) 恪守秘密：在後文你還會再聽到這點要求，這是<u>身為專業人士的重要條件——切勿談論有關客戶生意的任何事情。</u>在工作環境裡，若有人竊竊私語，你千萬不可成為謠言散播者之一。客戶相信你會守密，絕對不要背叛了這層信任。

j) 責任感：要主動的承擔責任，社會上有這種美德的人愈來愈少。就好像某人曾說：「這世界由兩種人組成，承擔責任的人與接受讚賞的人，試一試，如果你做得到，就盡量當第一種人，因為他們沒有什麼競爭者。」一個專業人才會欣然接受承擔責任的機會。

k) 保持職業上的超然地位：不要與客戶或客戶的員工在金錢上或私人感情上有瓜葛，這類不當的關係常會造成洩密與利益衝突。行事作為要確定沒有逾越道德規範。

l) 言出必行：凡是你承諾要做的事，一定要執行，用講的不稀奇，付諸行動才有價值。

上面提到的這些警告和建議，感覺起來像是簡單的常識，令人驚訝的是卻有許多人沒有照著做。記得，自己的行事作為愈像一位專業人士，你就愈能勝過其他的競爭者。

💿 誡律四：不跟不喜歡的人做生意

人生苦短，實在不必浪費時間與你不喜歡的人相處，也犯不著為了做個自由工作者而得高血壓。獨自工作的一項缺點是沒有共事者與你分享成敗，但是身為自由工作者，客戶就是你的共事者，所以，樂於與客戶一同工作就變得非常重要。

在這行做了幾年，我大概只能想到一兩個客戶不算是好朋友，這應該算是值得自豪的一件事。

💿 誡律五：確認客戶的決策階層參與工作全程

這是IBM特別強調的原則。儘管時光更替，原則卻並未改變，下列三項是這項原則的主要概念：

a)選擇合作對象：再沒有比和基層員工一起做決定更令人氣餒的事，這種氣餒就像開發新系統只是為了要發現某個規格或基本假設是錯的。舉例來說，當你與基層員工一起努

力，要設計一個很棒的新郵購系統，於是大家一起規劃新硬體，為這系統寫個新程式，在你要與高層談這個構想之前，卻聽說公司的郵購事業將要被賣掉！聽起來很誇張，但相信我，像這樣的事情一點也不誇張。

最高主管階層最好能意識到，他對資料處理所做的決定，其影響力有多大；他們最好主動參與系統的規劃，至少做到參與基本方向的擬定。能做到這兩點，所有曾付出的努力都是值得的。

b) 高層的支持：開始使用一個新系統時，組織內部通常得做適度改變，部門內的溝通也要增加。對某些人而言，面對改變是困難的，增加溝通也得組織中的各部門都有意願參與。以上這些都很重要，因此，所有與新系統有關的人員，得要了解高層對這個新系統的支持，而要求改變與增加溝通的命令也是來自高層，不是來自某位「電腦專家」（你）。

要得到管理高層完全的支持，從計劃開始到結束都要讓他們參與。有時你得讓自己變得令人討厭才能獲得支持，相信我，這樣做是絕對必要的。我自己就有多次未獲得高層支持而失敗的經驗，請你們要從我犯過的錯誤中學到經驗。

c) 維持與高層溝通管道的暢通。敦促高層參與的理由是，這樣可以維持溝通管道的暢通。我曾說過，你的工作有部份是要當獨立的「外人」，當問題發生時，可以直接了當的告訴管理高層。如果你經常與高層溝通，高層每次看到你都會覺的自然，當你提出公司內有那些問題需要立刻解決時，他也比較聽的進去，所以不管任何時候，你都要保持與高層

溝通管道的暢通。

　　為何要要求高層參與資料處理的各方面事務，理由很多，但在這裡只提三項。組織功能能否有效發揮，取決於資料處理的決定下的適不適當，所以高層管理者一定要參與決定的過程。

● 誡律七：為客戶提出商業、生意問題的解決方案

　　我在第三章多次強調與說明這條誡律的重要性，這裡我就不再多說。我只是要提醒你們，無論做什麼事，像業務訪談、系統規劃、建議硬體配備等，都要將此原則放在心上。以電腦系統來解決公司事務或商務方面的需求時，必須要符合經濟效益，也唯有公司決策者覺得划算時，你才接得到這筆生意。

● 誡律九：讓客戶的員工當英雄

　　身為自立門戶的自由工作者，無論你的頭銜是程式設計師、系統分析師、還是顧問，你的任務就是讓客戶的員工在所有的計劃裡當英雄。拿掉你的自我，讓其他人因為你設計的優異解決方案而受到讚揚，也將你提出的好主意變成他們的榮耀。身為自立門戶的自由工作者，與他人一起工作是件不能避免的事，如果你能讓客戶的員工當英雄，他們絕對會樂於與你一起共事，然後大家都能一起成功。

● 誡律十：做正確的事比做討喜的事更重要

雖然讓客戶的員工當英雄，及讓他們樂於與你一起工作，是兩件很重要的事，但你還是會有不受歡迎的時候。身為一位資料處理者，我們不難發現更方便或更正確的方法會不斷出現。尤其是你正在汰舊換新一個系統，或是要導入新的控管方式或新系統時，很多時候你不得不快馬加鞭，要求所有的參與者往正確的方向走。

舉個例子來說，在組織裡導入一個新的控管方法，使大家得增加文書工作，這時就會有人埋怨說：「我們為什麼要多做那些事呢！」。如果你對他們的說明仍不能讓他們滿意，你能做的就只有要求他們：「照我說的去做！」。

如果這些不愉快的事從來不會發生該有多好，然而在真實的生活裡那是不可能的，所以你們一定要清楚自己的立場，你所做的事是要對客戶的生意有幫助，不是要競選最佳人緣獎，你的職責是永遠要將它擺在第一優先的位置上。

● 誡律十八：發展自我激勵的方法

你的客戶會聘用你，是因為你會一些他們不會的工作。為客戶做的工作中，就算有所謂的「神來之筆、經典之作」，你也不要期望會得到嘉許。如果你是個需要旁人認可、活在掌聲中的人，趕快發展出一套自我激勵的方法吧。

在這裡我要告訴你們一個全球通用的準則，你的客戶也許無法賞識你在科技方面的卓越成就，但他絕對能明確地分辨出你是否具備職業級水準。他們永遠是鑑識你專業水準的最佳見證人，所以當你的客戶不再稱呼你為「專家」時，你

就要特別留神了。

　　不知不覺中又談了許多誡律方面的事，現在讓我們換個方向，談談經營生意的原則，這些原則可以當作是行事的指標，也就是一些能做與不能做的事，首先我們講一些該避免的事。

 II.嚴禁事項 —— 要訓練自己習於避免做的事

▲ **不要因為自己的成就而自我膨脹。**

　　對自己的作品感到自豪是很自然的，但千萬不要因此而認為自己是最了不起的。自大與自豪僅有一線之隔，千萬別不小心越了界。假設你現在執行電腦方面的工作時，還完全依照我以往的做法依樣畫葫蘆，你會不斷的犯些愚蠢的錯誤，讓你連謙虛一下的機會都沒有。

　　當你接到的任務是規劃設計一個系統直到能上線應用，首先你必須認清，你的目標是在為公司商務上的困擾提供解決之道，所以當你面臨要將辛苦完成的佳作放棄時，千萬不要氣餒，因為<u>你當初要解決的困擾，現在已經因為瞬息萬變的環境而改變了，你唯一能做的就是追上這股變動的潮流。</u>商務與生意上的需求無時不刻都在變動、進化，對一家快速成長的公司來說尤其明顯。在這樣的時代裡，你必須具備辨識變化的能力，然後適應這些變化，適時的調整腳步來因應它。必要時，你甚至得壯士斷腕地捨棄你已經成就的偉大系統，去將就並解決真正的需求。

　　我要提醒諸位，在電腦這一行，幾乎所有的東西都有它的時限，時間到了，就得面對必須改變的事實，千萬不要企圖去延長使用任何的電腦應用。

▲ 切勿洩漏工作機密

　　你會發現，我曾在如何達到職業級水準的段落中也提過這個道理，很快的你們就能體會這個道理是值得一提再提的。<u>所有和客戶生意有關的事都屬於機密，而且範圍還包括你對該公司所做過的建議。</u>全天下最笨的做事方法就是，為了迎合一位新客戶，而洩漏客戶對手的機密，那怕是拿客戶的對手開玩笑，都會顯現出你的膚淺。就我來說，我絕不會相信曾為我對手做事的人，他所說的任何有關他在對手那兒工作時的事。一個聰明的自由工作者，絕不會洩漏他手上客戶的任何事情。

▲ 拒絕工作不要猶豫不決

　　客戶的某些公司現狀，可能會令你感到不適應甚至不愉快，像公司裡有派系的對立，面對這些狀況時，你要當機立斷的脫身，這樣的工作環境寧可不接。

　　話又說回來，當你剛開始自立門戶，以自由工作者的身分經營自己的生活，卻要求你對已上門的生意大聲說「不！」，這的確不容易。然而光陰是經驗最好的老師，在這行求生活，一定要能逐漸掌握說「不！」的原則。

　　某些時候承接的生意，需要特別的技術或是特定領域的

經驗，偏偏這些能力都不是你擅長的。面對這樣的情況，你只須客氣的對客戶說明：「抱歉，這份工作需要的經驗不是我在行的，還是麻煩你找一位具備這種專業技能的人來為您服務。」千萬不要硬著頭皮，接下不是自己專長的生意，不然到頭來，凡是你允諾的都必須達成，而不能達成允諾所須付出的代價，絕對不是你能想像的。在這裡我要提醒各位，對於自己能做到的工作範圍，一定要清很楚。你的客戶會因為你的誠實而賞識你，將你的大名記住。要知道，電腦服務業界中，充斥著誇張不實的人，具備誠實的風範會使你在業界卓然出眾。

　　我將在第六章提到一些危險狀況，那都是自由工作者要避免陷入的。而在此所提到的不能做或務必做的事，就生意經營的成功與否來說，都是非常重要的原則。值得在此讓你們先認識一番。要知道，懂得如何避開惡劣的局勢，與將事情正確的做好，是同等的重要。

 III.遵行事項 ── 銘記於心，務必實踐的重點。

▲ **讓自己成為客戶公司中的一份子**

　　你要這樣想：我不是為客戶工作，而是與他們一起經營這家公司。有沒有這種想法，是決定你能不能成功的要素之一。此外，你還要充滿熱誠的引導自己往這個方向走。

　　任何一件有你參與的案子，都不能將自己自外於團隊，能成為團隊的一份子，才能對該行有更深入的了解，而這種

全心參與的行動，不但會令你的客戶感到窩心，對於你未來接觸潛在客戶來說，其隱藏的價值還會更高。這下子你了解了吧！讓自己成為客戶公司中的一份子，對你或是對客戶都有好處，這是一種雙贏的做法。

▲ 教育你的顧客

你永遠不必擔心，把你的電腦專業知識傳授給客戶後，會讓你失去飯碗；相反的，他們愈精通他們日常操控的電腦，你得到的好處就愈多。或許你還記得，某人曾經因為少按下某個按鍵，或是多執行了不必要的小程序，而讓你不得不放下手邊的工作前去解決。設想一下這樣的情況，你的客戶若能對電腦的操作愈熟練，那些雞毛蒜皮的小問題便能迎刃而解，你會因此省下疲於奔命的時間。凡是花在教育、訓練客戶的時間，你都會得到回報。

如果你具備某項產業的專門知識，同時也有足夠的經驗可以提供給你的客戶，絕不要遲疑，教會客戶如何改善他們的經營方式。假設你所服務的產業是個環環相扣、縱向擴展的市場體系，你絕對能夠為客戶做好再教育的工作，也能夠為客戶做出更多具體的貢獻。這點無關乎背叛客戶的信任，這是在做產業的升級。<u>在第八章中，我會再就客戶之間的競爭與衝突，做更詳盡的說明。</u>

▲ 成為客戶事業體中的溝通橋樑

藉由隨時和最高決策者保持良好而直接的溝通關係，你

可以協助解決一般企業體時常發生的內部問題。當一個企業體發生了問題（「免不了」會發生問題），一般員工常苦於無法和老闆們溝通，而你呢，你是沒有「老闆」的「員工」，又有機會和最高決策者溝通。這點對客戶而言，是一項非常重要的服務項目。

▲ 隨時待命做任何你必須做的事

為了能夠成功的完成所有任務，你要有心理準備，準備好為了成功而做任何應該做的事。如果需要在幾天之內，在電腦室裡架設一間小茅屋，你就架間小茅屋；如果是不斷的鍵盤輸入工作，你也照做不誤；如果是檢查卸貨處的材料，一樣動手做。換句話說，完成那些為了讓系統運作所必須做的工作。這樣一來，將會讓你顯得很有建設性，而你的客戶絕對會感謝你的親力親為。

除了能夠成功的完成工作任務外，執行書面記錄和自己動手做，會使你有機會學習到許多生意的實際作業。上述的經驗，對於設計系統和解決企業問題來說，是非常寶貴的經驗。所以，當這樣的機會來臨時，不要為了怕弄髒雙手而猶豫不決。記住，你的生意經驗將會比你的電腦經驗更具有價值。

▲ 切記，你賣的貨品是你的時間

除非你只選擇做硬體銷售，否則，你的時間就是你的主要貨品。如果你總是一點一滴的在浪費它，你的客戶也會做

同樣的事。我對客戶都清楚的言明在先，當我踏進他們的門，計時器上的時間就開始計算了。如果有那位客戶，想泡杯珈啡、坐下來和我聊今天天氣好不好，沒問題，但計時器上的時間會繼續計算。

在我創業之初的頭幾年，當我的工作還得接受別人討價還價時，我的時薪加起來的總額，總是比薪水來的少，經由這些寶貴的經驗，讓我學會珍惜我的珍貴資產——時間。

▲ 牢記，你的名譽就是你的全部

只要你辛勤工作並且建立起良好的名聲，這樣的名聲會自動傳開，銷售這件事就會像和風一樣動人；反過來說，如果你建立起不良的名聲，不管你走到那裡，它都會緊緊跟著你。所有的新聞都會傳遞的很快，只不過，壞事和壞名聲會像光速般的一洩千里！

在創業之初，你名聲的好壞尤其重要，良好的名聲在建立事業的初期，是不可或缺的，如果你在第一位客戶口中造就不好的名聲，你很可能註定要失敗了。在你的第一份工作遇到瓶頸時，好好想想這個原則，就算是你必須花費許多時間，也要堅持多懂一些並做好你的工作。從長遠的觀點來看，這一切都會是值得的。

▲ 堅守基礎原理

你所做的系統設計、硬體設備解決方案、代碼、還有你的名片等等，都盡你所能的堅守簡單和直接了當。愛因斯坦

曾經說過：「如果你無法對個十一歲的孩子說明什麼是科學，你自己就不算真正了解科學。」同理可證，如果你無法對一個十一歲的孩子說明你所做的生意，它就已經變得太複雜了。

　　接著，繼續來談經營事業的重要議題。

第五章

經營你的事業

*I.處理例行性的工作
關於「責任」
訂價原則和估價方式
篩選潛在的客戶
製造商和批發商的關係
保持資料處理原則的正確性
為客戶進行軟體或硬體配備的升級
善用自己的新主意
反覆省思所有的誡律和原則

*II.經營生意的技巧
寄送帳單請款
維修合約的訂定和同意書
一般正式的合約
專業的財務合約書
持續工作日誌的記載
維持正確的客戶資訊
保護軟體的智慧財產權

*III.須再次強調的定律
備份、備份、再備份
強調控制的重要
徹底完成一件工作
絕不做過度的承諾
讓客戶的員工覺得像個英雄
保持自己以及客戶工作的組織性
將日常花費降至最低
現在就開始動手做
享受工作、樂在其中

第五章

經營你的事業

前言

本章將討論你經營生意時，每天都得面對和思考的重要工作。在下一個章節裡，我們再來深入分析一些在商場上的戰略運用、以及如何在幾年內拓展事業等。

我們第一項要討論的是，當你成為一位電腦自由工作者，每天需要面對和思索的議題，然後，再來討論實際經營中所遭遇到的技術層面問題，例如：如何寄送帳單；與客戶之間簽署合約書或協議書的處理；最後，我們再來重新審視並進一步探討執行經營業務的一些誡律。

Ⅰ.處理例行性的工作

1）.關於「責任」

在第三章中，我曾經提到身為電腦自由工作者的一些缺點。其一就是要自己獨自處理不斷發生並延續著的「責任」問題。這裡所指的不是你在法律上所應負的責任，而是指那些發生在「專業職責範圍內」的責任，這些責任是維繫、修護你辛苦建立起來的指令和代碼制度，以及修正你所設計或

安裝的系統。

　　這就像是維持生命所需而運行不斷的工作一樣，你要了解到自己擔負的責任是不能懈怠的。不論你寫下的是一項或一套代碼指令或設計控列，你都已經和責任發生密不可分的關係。即使出售的是硬體設備也一樣，你還是有必須擔負的責任，差別只在後者的責任是比較明確，比較有責任「範圍」而已。如果你所賣的是某件硬體配備，而它無法正常作業，最嚴重的後果就是更換硬體給客戶；然而，當無法作業的部分是屬於軟體的 ，你要擔負的責任可能會沒完沒了。

　　當電腦軟體發生無法正常執行作業的錯誤時，最單純的情況就是其中某個指令無法正常執行。像這種情況，只要將它修正並恢復正常執行就行了。最糟糕的是，分明所有的指令都可以正常的工作，可是電腦就是會出現一些出乎意料的可怕結果。可怕的後果可能是：讓客戶不知不覺多付薪資給員工；多付錢給進貨廠商；它甚至可能毀掉重要的檔案資料；更嚴重的，把整個系統檔案刪除銷毀。假如你認為這種情況不可能會發生在自己身上，那你可就是在拿自己開玩笑了。我總以為自己是個做事小心謹慎的人，結果呢？我還真不願意告訴你，我自己就發生過多次這樣嚴重的錯誤。

　　在著手處理牽涉到自己製作的代碼或控制指令的問題時，有三大主題要加以區別，劃分出你自己的責任。首先，你要辨識得出來那一項是屬於你的責任範圍；然後，你必須採取步驟或計劃來減少自己的責任；第三也就是最後一項，修正錯誤也是收入來源，也就是一種付費服務。現在，讓我

們逐項討論。

🔵 辨識自己應負的責任

　　這是一項簡單的工作，不過你得先自我心理建設一番。首先，你要摒除自以為是的心態，別以為自己是最偉大的程式設計師或是系統工程師，所以是個不會犯錯、永遠正確的人。要讓自己接受一個很簡單的事實：你也會犯錯，而且這是無法避免的。你要知道，這個世界上唯一不會犯錯的人，就是那些不做事的人。

　　其次，你要以十足自我防衛和悲觀主義的心態，來思索正在做的事情。這樣的心態免不了會和你樂觀的天性相違背，不過，隨時假設可能發生最糟糕的情況是很重要的。抱持這種心態，在絕大多數的情況下，會降低你失望的程度。

　　辨識自己應負的責任，你必須先放下自己高傲的自尊，還有消除自大的假象，然後有條不紊的設想好最悽慘的下場。(別忘記包括電腦跳電和硬碟發生錯誤等等)

🔵 降低自己的過失責任

　　這點牽涉到前面所說的，體會和假設自己犯錯的黑暗悲慘面。在你刪除任何檔案之前，都要先想想這個假設狀況，如果你不是很有把握的話，在刪除任何檔案之前，事先做好備份的工作；或者在把舊檔案刪除前，將之另存新檔，儲存起來。

　　在任何電腦升級之前，別忘記再好好想想，是否應該先

做好檔案備份的工作？當然，就算這次的升級是簡單的升級作業，你一樣應該先做好檔案備份。事實上，看起來愈是簡單的工作愈應該要小心執行。有時候事情就是偏偏這麼發生——愈是簡單的程式，工作時愈容易忽略，結果造成錯誤的發生。

另方面，為了降低自己的責任，你還可以再做一件事，就是在寫程式的時候，採取簡單而直接的工作態度。當你所設計的內容越是精、簡、短、小，越少使用你手上龐大複雜的程式設計，那麼你所設計的程式就越不容易出問題，越不會在移除程式時發生錯誤。

另一個避免自己因錯誤而造成災難的重要方法是，在你設計工作自始至終的過程中，都謹記「重新開始」這四個字。電腦硬體設備已不再像以往那麼容易出狀況，當然這不包括夏日的暴風雨，所謂「夏日的暴風雨」通常指的就是意外的停電、跳電、電源短路，而且，意外通常會在最不可能的時候發生。

等到不斷電設備越來越普遍的時候，不要以為停電、跳電、電源短路發生時，它們一定可以發揮應有的效果，而且，就算是它們可以發揮效果，也不要以為你就沒事了。你可不會希望每次發生停電時，因為客戶無法處理，你的電話會響到掉在地上吧，所以，將你的系統設計為具有不斷電設備的系統。設計時也要隨時想到其他硬體可能存在的問題，事先採取預防措施，你就不會失望灰心。我預估自己花費在系統設計和控制功能上的20%到30%的時間，是用在重新啟

動測試，而重新啟動所花的時間不到1%，但是，我絕不認為
這麼做是白花工夫。

最後一項能降低自己犯錯責任和避免發生災難的方法，
就是徹頭徹尾的測試這套系統，這也可能是最重要的一項方
法，本章稍後再來說說測試系統的技巧。說到目前為止，請
先記得一個觀念，要減少自己犯錯的責任，系統測試是不可
或缺的部分。

🔵 彌補應負的責任後，須要求付費

如果你想要待在這個行業，這是你必須要做的事。不管
你是應客戶要求去幫忙，或者是實際幫客戶解決問題，你都
應該要求客戶支付這部份的費用。

當你剛剛開業工作時，你可能要花很久的時間來修正自
己系統上的問題，為確保能成功安裝，要做些設計上必要的
改變。你所做的努力和反複練習，會讓你在無形中感受到實
際的回饋。以長遠的眼光來看，耗費時間，並不會給你或是
客戶任何的好處。

幫客戶解決問題之後，報酬的計算方式是根據維修合約
或售後服務契約來執行，我們將在本章中的「技術」部份再
做說明。現在你所要建立的觀念就是，有了維修合約或售後
服務契約，你才能獲得合理的報酬。

在前言中提到，身為一位電腦專家，你必須先分辨出自
己的職責範圍，也就是「義務」。當你在寫下一只命令或裝置
一套電腦設備時，這些義務也就存在了。其次，你一定要用

盡方法，將自己的義務降至最低，假想會發生的最糟情況，
日後你就不會失望。最後，就算是你的義務，你也應該獲得
報酬。

2）.訂價原則和估價方式

在第三章，我們曾簡單的提到價格問題。在這裡我將再
重複其中的一些議題，然後我會談到最困難的估價內容。這
個問題可說是任何從事此一行業的人，不論是大型軟體銷售
場或個人小型的獨立自由業者，都會認為是此行業最艱難的
部分。讓我們先看看一些基本原則。

訂價原則：

不管在任何情況之下，你所能得到的報酬都必須要在客
戶能承擔的範圍之內。然後，才是根據你所能提供的服務水
準和價值來訂定價格（你自己是不是很棒？技術是不是很
好？）。接著，才是考慮你自己個人收入的問題。我個人強烈
建議的價格標準只有兩個字「公平」，只有當你提供的價格對
企業體來說合乎成本效益，你才有可能獲得生活所需的薪
水。

像一架新送到的卡車、一台新的車床、或者一個新的卸
貨架一樣，你的服務必須有這樣實在的經濟價值。如果你的
收費過高，你可能很快的會沒有生意可做。所以謹慎的考慮
收費標準，先做些所謂的「市場調查」，參考同業之間的收費
標準，然後「公平」的訂價。你的價格是依照合理的計時收

費標準而定，收費時是依照完成工作的實際工作時數來算，同樣的方式可以運用到估價上。

🌐 估價

　　自從我從事電腦事業以來，對我而言，評估一件工作的合理代價，就像是一項介於「科學鑑定」和「憑藉直覺猜測」的工作，也像是在做一個數學計算公式，反正就只有接受一項原理：你永遠做不到剛剛好、皆大歡喜的價格。

　　<u>唯一理想的估價方式，是把你完成整件工作所需的時間，全部用工作時數的計算方式為基礎。</u>這種方式有個好處，就是讓客戶可以隨時變更工作中某個特定主題，而不致於影響收費的計算。同時，也讓你樂於接受這樣的改變，可以心無芥蒂的完成工作。

　　在現實生活裡，客戶會要求你提出的價格必須合理而有根據，並且是經過仔細核算的結果。從客戶的立場來說，這是個很合理的要求。當你剛剛在這行起步時，你像是一個新推出、尚未被證實品質好壞、未具風評的新商品，因此，客戶做這種要求是很合理的。所以，客戶在你開始工作之前，要求你先行詳細說明估價單時，千萬不要覺得意外。接下來，我們來討論一些估價時的意見。

　　你進行估價時最好的戰友就是，「一份經過仔細設計的工作計劃」，也就是 一份由報告內容、程式設計、相關表格、及其他工作組成的詳細計劃書。這份計劃書應該包括所有工作的條列式清單之外，還要註明各項工作的執行者是那

些人。

　　有了這份完整的詳細工作計劃書做後盾，你就可以開始進行估價和報價了。不管這整個計劃包含多少步驟，請逐項計算耗費時數，再把所有的時數加起來，最後將總數加倍，是的，「加倍計算」。假如你的數據是經過嚴謹的計算，經過加倍之後的數據，就和你實際應得的報酬相去不遠，但也有可能還是不夠。

　　我花費這麼多的筆墨描述，要強調的概念就是，把「事後調整價格」當做瘟疫一樣的躲避它！不要小看這件事，或者把錯誤的估價當成小事一件。特別要提醒剛剛起步的朋友們，一定要記得要求客戶簽好契約，還有合約中每個需要簽字確認的部份；要確定客戶了解，如果變更簽定事項，那就需要另外收費；同時讓客戶明白，精準嚴密的費用控制是重要且合理的要求。反過來說，精準嚴密的費用控制，相當於精準嚴密的工作計劃。只不過，客戶通常比較不會想到這一點。

　　我工作多年來，另一項經常被用在成功估價的基本觀念是，讓實際收費低於原本的估價，或者只收取不超出估價範圍的費用。這種「估列最高費用」的估價方式，就是讓客戶把費用控制在一個標準範圍內，他們會知道，你的收費無論如何都不會超出估價。同時，這種估價方式還可以激勵他（她）產生要與你一起投入工作，並降低花費的動機。如果客戶無法認同完全的按時計酬，我的第二步就是，選用估列最高費用法。

在大部份的情況下，你第一件工作的收費價格可能免不了要修改，最後你只好概算整件工作的收費，而不能如願的以總花費時數來計酬。這樣的工作你還是要做，像我在這個行業做了這麼多年，沒看過有人能夠逃過被瘋狂殺價的命運，也沒人能躲過估價被調整的命運。姑且把這種狀況當做創業起步，千萬別因此偷工減料，你還是要盡力做好自己的工作。換個角度來看，客戶可能會因此覺得自己的付費換來極佳的工作成效，如果你表現出很好的工作成績，同時也不會因為價格而囉哩囉嗦，你很可能為以後的工作爭取到更好的報酬。

牢牢記住，你的聲譽代表一切，所以，不論如何都要撐下去。

🌑 在職訓練的價值：

第四章曾提到，必要時你應該適度的讓客戶知道，你對於某些產業的專業知識並不那麼充分；或者要坦白告訴客戶，你對他們的行業、職別、專業科技一無所知。通常這樣誠實的告白反而會讓你得到這份工作。真的！在電腦業界充斥著那些江湖術士、騙子、和極其偽善的人，一位誠實的工作者，在這個行業就像是一股清流。

當我面對的行業是我個人所知甚淺，或毫無所悉的行業，我總是以「盡我所能提供最佳服務」的立場工作。以客戶的諒解為基礎，我所做的工作就類似「在職訓練」。基於這樣的認知，有時我會自動提出降低時薪，以回報提供我在職

訓練的客戶。

老實說，我第一次寫的員工薪資系統軟體，可以說是在「做白工」。當時，我的客戶需要一套關於支付員工薪資的軟體系統，我因此必須學習支付員工薪資的過程(同時我也得學習這方面的常識，為我未來的客戶服務做準備)。報酬既然等於是「零」時薪，這份工作就經濟效益而言是失敗的，不過我最後寫出一套十分完整的薪資軟體，透過充分的實際操作、工作測試，我也學習到許多這方面的相關知識。雖然，客戶和他的員工們必須教我一堆這方面的常識，而且我也得經歷不少沉重的程式錯誤移除工作，算起來客戶簡直是免費獲得一套薪資軟體。

如果你無法用這種等於放棄整套軟體系統的奢侈方式，來換取「在職訓練」的經驗，<u>建議你在面對不熟悉的行業，採用「最高費用估價法」來估價</u>。這樣的估價法在我多年來的工作中，都是非常有用的。漸漸的，你會發現你甚至不必降低自己的時薪，而客戶則會發現這種「最高費用估價法」，比起所謂專業人士的服務要好得多。

3）.篩選潛在的客戶

經營生意使你必須每天和一些「可能的」客戶談論工作主題和內容，一般人會對第一次的工作會議抱持過於樂觀的態度，其實這樣的會議是種雙向的選擇：不只是潛在客戶會對你做一番評估，你也應該仔細評估這位「可能的」客戶和他所提供的工作，觀察種種情況並判斷彼此之間是否可以互

利。有時情況並不能如你的意，所以能不能及早判斷出對你不利的工作，可就非常重要了。

通常所謂不具明顯利益的工作項目大概有以下幾種：

◎第一種是你根本不具備這個客戶所屬行業的專業技術能力和經驗，甚至你對這個行業從來不曾有過興趣，根本不能配合客戶的要求。這種情況通常比較容易辨認出來。

◎第二種情況也很容易分辨出來。如果這位客戶不易應付和相處，或者是這份工作有部份讓你覺得做起來會很不開心，遇到這類容易辨認出來的不利情況時，你不必猶豫就拒絕這份工作吧!記得誠律四 ── 「不跟不喜歡的人做生意」，如果你只是對新工作，或為一家新公司工作而感到侷促不安，而不是無法和共事者好好相處，那就相信自己，以敏銳的觀察力做判斷依據，通常，緣於專業直覺所做的決定是不會讓你失望的。

◎第三種問題是比較不容易察覺到的狀況。這種狀況通常須等到你和客戶合作一段時間，或者和共事者實際合作之後，才會有所察覺。因為必須花費一段時間來發現，其結果通常是：這位客戶完全沒有合適的人選來協助完成工作。人選不適合可以用幾項根據來判斷 a)現有的人選不夠了解將要完成的工作內容。 b)沒有充裕的人員可以指派到這個工作，或者 c)這些參與工作的人員，壓根兒就反對這項工作。不管

遇到的是以上問題，或者是其他人員因素，你一定要具備判斷能力，因為在工作上，你可能經常會遇到這類問題。

　　沒有什麼方法可以讓你避免可能會遭遇到的問題。不過，就我以上所說的三種基本問題型態，應足以使你有判斷的根據：接不接受某個生意其實是雙向的──它一定要對你和客戶都有好處，這個生意才能存在。所以，在你詳知所有應該知道的資訊之前，盡可能避免做任何的工作承諾；同時，也要避免在充分認識共事者，和充份明白工作內容之前，做任何的工作承諾。<u>記得要審慎過濾你的客戶。</u>

4）.製造商及批發商的關係

　　製造商與批發商所適用的軟體完全不同。我是在接洽一項工作時，意外「掉入」製造商的軟體系統世界，這才發現製造商和批發商之間的差異。幸好我接受了心底的疑惑，拒絕了這份工作。不過，我也因此知道他們之間的差異。

　　簡單說，製造業是個比較複雜的領域，不過如果你的工作背景就是製造業，你可能可以為各行各業的客戶服務；反之，如果你的背景是批發商，我強烈的建議你，在涉足製造業時要格外小心謹慎，因為它們可能會讓你很頭痛。

5）.保持資料處理原則的正確性

　　20多年前美國有本名為「組織之上」(Up the Organization)的書，其中「電腦和它的祭司」這章提到：電腦的祭司們(不論是電腦大師、電腦怪才、系統設計工程師)都是

危險族群。 我們常會認為，資訊處理是企業中最為重要的部分，企業因為我們的存在而成長。但是很抱歉，事實並非如此。

我們可能和企業中的各個部門都有關係，有時我們還扮演著舉足輕重的角色；但是，資料處理中心只是個服務性部門，了解這點可是很重要的。夥伴們，我很抱歉這麼說，但是電腦處理中心並不能為企業帶來任何收益，銷售、製造和批發部門才能為公司賺錢。我們是可以幫助這些部門增加收益，但我們基本上仍然只是提供支援。下次你打算提議客戶將電腦硬體升級時，請記取這個觀念。

當資訊處理不再像是種尊貴品時，它就必須不斷證明它存在的價值。還好在目前，這不是什麼太困難的事。不過，當你計劃要購買軟硬體時，要把自己當做頂尖的計算高手，要經常思考，這些費用支出的正當理由何在，如何能夠減少費用，以及企業該如何平衡支出。試著站在公司最高總裁和董事會的立場來想，你必須對公司整體的營收負責，不是只管自己的好處，或者管好一個電腦資訊處理部門的利潤就夠了。

6）.為你客戶進行軟體或硬體配備的升級

由於「永續經營」的觀念深植於全球企業，你會發現你多數的客戶，都是處於穩定成長的狀況下，有時企業成長的速度還會快的超乎你的想像。舉例來說，崴蒙特區一位木爐子製造商，他曾找我做過不少工作。這家製造商從一家原本

僱用10名員工的小公司，在短短不到2年的時間，急速成長為擁有300名員工的大企業。就算你不希望處理這類劇變的客戶，你還是免不了得適應企業的成長。

　　在過去幾年來，我總是把節儉置於實用之上。這使得客戶在面對軟硬體超過負荷時，不得不咬緊牙關。我的出發點一直都是善意的，希望用最少的成本換得最好的效果，但我時常把節儉推向不健康的方向。

　　當然，另個極端是採用最新最好的熱門商品，這樣反而更糟糕，用「剃刀邊緣」來形容最新和最好的資料處理技術是很貼切的。在這兩種不健全的極端之間，還是有合適的中間地帶供你選擇。所以，當你在不斷檢視設備和系統運作時，你和客戶應該共同找出其中的平衡點。

　　判斷系統運作好壞的最佳方法是，觀察系統操作人員的工作狀況。一套逼得人員必須耐心等待，重新安排工作進度，或者忽略其他重要工作的電腦軟硬體，很明顯的對企業不利。

　　和每日不斷運作的資料處理中心保持密切關係，自由工作者可因此具有前瞻性的眼光，而這是那些所謂最高決策者所不及的。試著利用這種前瞻性，持續不斷的為客戶執行資料處理，而在發現問題時，也能提出適當的建議來解決問題。

　　最後一點警告是關於最新軟體或硬體的發表和上市資訊。你應該隨時觀察最新上市的主機、外掛磁碟機、作業系統，還有最新的軟體系統，但不論何者，都要多給它們一些

時間「成熟」。在我執業28年的生涯裏，我歷經了無數的變化、革新，甚至新世代的大變動，相信我，電腦業製造的新玩意兒，從來沒有一上市就萬事ＯＫ的。從來沒有！所以，你又何必花客戶的錢，來幫助這些新玩意兒的發展，和研究它們的缺點？（因為這也是浪費你自己的錢。）

在摘要之中提到，要選擇做對你客戶有益的事。這句話可不代表你要緊盯著負荷過量的軟硬體設備，也不表示你得衝到市場的最前端，選擇市面上最新的設備和革命性的產品。<u>要記住，你的選擇永遠要設定在合適的中階產品。</u>

7）.善用自己的新主意

如果可能的話，盡量隨時提出諍言，或者在提出解決問題的意見時，使用自己想出來的新點子。如果你能以「旁觀者」的立場提出新的意見，對你的客戶而言，這個意見本身可能就價值非凡。

你可能會常發現，客戶的企業運作方式很奇怪。有時候是因為有很好的理由才這麼做，不過多半的情況是——老狗玩不出新把戲。如果你發現這種狀況，然後主動在新系統中做修正，這對你的客戶來說也是價值不凡。

別迫不及待的改變方向盤，事情要經過嘗試和檢驗的，為了改變而改變只會浪費時間和金錢而已。所以，建議你打算進行改變之前，先就成本效益算計一番。

8）.反覆省思所有的誡律和原則

不論是現在或以後，請反複省思第二章所提到的誡律，以及在第四章所說的各項原則。別忘記，這些誡律可是這一行數十年的工作精髓。不斷用這些基本理論來提醒自己，而當你自己研究出別的誡律和原則時，記得要把心得也加上去。

 II.經營生意的技巧

我們將在本節首次提到有關帳單寄送與請款的問題，如果你想生存的話，這是件需要不斷去處理的事情。接下來，我們會繼續討論你和客戶之間的契約，以及其他正式的關係。其他部份則會集中說明，有關事業經營的各種事項。

1）.寄送帳單請款

這點是經營生意最重要的部份。讓我們把誡律十五改寫為──「經常性的執行寄送帳單的動作，而且要做得正確」。我接受過的一項最好建議，來自於我在威蒙特的第一位客戶，他是當地經營花崗石的小型供應商。他說在他這些年來的工作裡，曾見過無數小型企業，只因為沒弄好應收帳款和應付帳款的工作，而飽嘗失敗的痛苦。我仔細傾聽他的意見，並且謹記在心，然後以及時寄送帳單給他做為回報。（當然，寄出的帳單是正確無誤的。）

我很認真的把這點建議謹記在心。如果我和客戶做的是一回生意，我會在工作一完成後，馬上把帳單寄送出去，而

且，盡量在完工當天就寄帳單。而假如我和客戶是做長期性的生意，那麼我會用每週或是每雙週寄送帳單的方式，比較常用的是雙週寄送。

除了可以經常和早點收到錢外，我發現短週期的收費方式比較能彰顯這筆費用的意義———對於客戶的意義。假如你提供客戶物美價廉的好價格，到了月底收款時，他可能已經忘記你在這個月曾做過什麼好事；而你呢，因為有一份記錄精準的工作日誌，你會記得每一件自己做過的事，這些記錄會逐一反應在你的請款帳單上。只不過，相較之下你客戶的記憶，恐怕就沒那麼長了。所以，<u>建議你寄送帳單的日期要盡量接近完工的日期。</u>而且不要忘記了，你越快寄出帳單，就會越早收到你的錢。

帳單格式化：我採用兩種不同格式的帳單來請款，一種是依照「時間先後次序」排列的帳單；另一種是按照「個案」來請款的帳單。在依照時間先後次序排列的帳單上，我將逐日的工作時數確實記載，說明我用這些時間來做了那些工作；而在按照個案請款的帳單上，我則把工作時數和收費都歸屬在個案中。這種帳單才能讓客戶（和你自己）回想起來，他的錢究竟是花在什麼地方。

老實說，我覺得將兩種方式合併起來的帳單是<u>最好的請款方式。以逐日的方式明列時數和工作內容，接著說明這些時間和金錢（收費）是用在那個主題上。</u>我一直都會偷懶，懶得對客戶提供這種綜合式的請款單，不過，我會使用自動校正的打字機來處理帳單以避免錯別字。

　　不管你決定用什麼樣請款單格式，最重要的事是，你一定要記得定時而持續的寄出你的請款單(最佳時機是在工作結束時)。還有，帳單的內容當然必須要正確。

　　付款期限：付款期限應該是完工後十天付款，或者是在完工驗收無誤後付訖。客戶不可能每次都這麼守規矩，但你也有驚喜的時候，就是在請款當天就能帶著支票離開辦公室。在我從事自由工作的 25 年生涯中，帳目從未呈現負數或有欠款不付的情形。當然，這也可能是我要求的費用太低，但我覺得這是表示，我都在為一些善良的人們工作，而我自己是很嚴謹地完成工作；還有，這還代表我的帳單都是公平而正確的。互蒙其利的生意是不會產生收款問題的。

　　相關費用：你「終究」得跟客戶收取所有的相關費用，我用「終究」這個詞的原因是，在工作剛開始時就收取相關的細項費用，這是個非常不智的舉動。不過有些費用，你最好在費用產生後盡早請款。

　　交通費用是最明確的支出項目，它是屬於你應盡早回收的費用。在我從事這個行業的頭五年，我還不懂計算交通的哩程數，也不懂計算往返的次數，這種情況對生意經營來說，可不算是件好事，不過我在當時只是個剛起步的新人，加上我服務的企業都是小生意，尤其在當時電腦費用高得嚇人。當我發現自己在一年之內，因做生意而累積的交通哩程數是35,000哩時，我才驚覺這簡直是把收入全部丟到垃圾筒。因為如此，我開始收取交通費用，最後還把往返的時間成本也加上去。

交通費用你是一定得收，但是對於往返的時間成本，你可不見得能收到錢。因爲你還只是個新人，是個未經測驗的產品，從客戶的觀點來看，在他們還不太肯定你能不能做事時，他們爲什麼要付錢給你？

換句話說，別不好意思跟客戶收錢，企業是對於付錢是很習慣的。只是在你要爲鉛筆或橡皮擦收錢之前，你得確定自己是眞材實料。

關於費用的結語： 絕對不要過份誇大或者超收費用。我知道這點對推銷員、或者是受僱員工來說，是再平常不過了。但是，這可不表示你應該如此。假如客戶因爲你的收費較低，就以爲佔到便宜而暗自竊笑（我本身就有幾次這種經驗），沒關係，你經營的是一個實在的事業，客戶終究會感謝你在收取費用時的實在。

2） 維修合約的訂定和同意書

有關維修契約的重要性，我們在本章討論應負責任也得收費的概念時，已用相當的篇幅說明過。對於客戶，你絕對有義務提供持續的支援，同時你還要有能力實際應付並解決問題。

大部份的軟體公司都會要求收取「每月維護費用」，這項費用一般是整套軟體費用的1%到3%之間。也就是說，如果整套軟體的費用是美金10,000元，你就可以每月收取美金100元到300元之間的維護費用（譯者註：價格爲根據作者的工作情況而定，僅供參考）。這種安排通常會明定於維修契約或同意

書，我強烈建議使用後者。

維修契約或協意書的內容可能很不相同，維修的內容可能只包含修復故障的指令，但也可能是一天 24 小時隨時提供維修和技術支援，有時還會包括一段時期之後的軟體設備升級（這項服務要求在持續成長的垂直性發展企業較常看到）。不管如何，維修契約都是認定你對客戶的維修責任。

你必須自己決定要對客戶提供什麼樣的維修服務，我的建議是你應該竭盡所能提供服務，因為這對你至少有兩個好處：

_a）你可以繼續和客戶保持連繫。_當電腦系統在改變、演化或擴展的時候，你會希望親自迎接這些變化。而一份無所不包的維修契約，就能給予你這樣的機會。

_b）你可以擁有持續而固定的收入。_自由工作者最難的部份，就是維持基本收入。對於這些人而言，工作像是週期性的循環 工作不是多得做不完，就是無事可做。在你收入偏低的週期，持續維修的契約就可以彌補收入的不足，幫你渡過難關。這份收益也可以資助你更新軟體，在垂直性發展的市場中更新軟體是很重要的，因為你必須靠不斷改善軟體來維持競爭力。

我會建議你針對自己的工作性質，蒐集市面上一些通行的維修契約或協意書來做研究。找些類似或同業使用的維修契約，如果有需要的話，也可以打個電話給這些公司，看看能不能拿到副本。不管用什麼方法，反正一定要記得：工作

完成後的持續服務，客戶是必須付費的。

3） 一般正式的合約

讓客戶清楚明白你所能提供的後續服務是很重要的，當然，還有這些服務的收費方式。你可以用簡單而且是非法律性的用語來說明。

我建議你採取格式簡單、詞意直接了當的合約書，讓每個人都看得懂它在說些什麼。律師們總是用一堆法律用語，和他們自己的主觀意見，把一份合約書弄得支離破碎、不知所云。要是我的話，我一定不讓自己掉入法律的混亂之中。我相信，律師們對我所用的簡式合約書會嗤之以鼻，但這種合約書卻對我很有幫助，而且，讓我和客戶之間維持著良好而誠信的關係。記住，律師的工作是在對付你的敵人（看看任何一對離婚的夫妻，原本是兩人口頭談判，結果卻都變成互擲石塊）。你所尋找的是互利共生的關係，以及和客戶團隊工作的精神，所以，讓你的契約或合約內容充份反應你的意圖。

4） 「專業責任」合約書

在我執業的 25 年中，只有一次被要求提出「專業責任」合約書，這是由一位和大型軟體公司打過多年交道的資料處理經理所提出。我一時之間愣住了，後來我露齒一笑說：「我不會失敗」。他也露齒一笑，而這就是結果了。別失敗，也不要和關心「專業責任」的客戶做生意，因為他只想保護

自己，這種情形就是在警告你趕快跑！

5）.持續記載工作日誌

把每天的活動記載在工作日誌上，這不只是為了帳單作業，還為了當你和客戶發生糾紛時，你可以回顧曾做過的事，查出問題所在。有種現象我稱之為「時間炸彈效應」，如果你不能把「時間」好好的組織起來，它就會掉到你的頭上（就算你做到了，它還是可能會掉到你頭上，只不過，工作日誌會減少你的疑惑和不確定）。

工作日誌的用途如下：在一個禮拜五的黃昏，你正打算出去喝杯酒輕鬆一下時，電話鈴聲忽然響起，對方說：「我們正打算列印應收帳款明細，但電腦螢幕顯示『找不到該檔案名稱』，而我們一定要在今天把這份資料列印出來.....。」你先做了幾個深呼吸，然後回想著，好像在這個禮拜一或上禮拜的某一天，你就在這位客戶的公司裏服務，你想起來當時好像將他們的系統做過一些更改，但他們應該在之前就發現了。真是不巧，就像是命中註定的災難，從禮拜一之後，應收帳款並沒有任何新的交易，而這份應收帳款的檔案卻消失了，現在你可就傷腦筋了。是不是有人不小心把檔案刪除了？是不是發生過電腦當機？還是你在無意之間，做錯些什麼？

如果你手上沒有一份讓你信賴的的工作日誌，那個星期五下午可能就很漫長了，你甚至得逐一回想這幾天到底做過哪些事。一份讓你信賴的工作日誌，至少可以讓你確定，你

禮拜一是在這位客戶的公司，而你也因這些記錄，可以確認自己更改列印明細的設定，是為了在列印前先辨識正確的應收帳款檔案。有了明確的認知後，你至少可以知道要到那兒去找答案，也可以確定是自己犯了錯。工作日誌可以幫助你快速的過濾問題，而且，也讓你透過電話就能解決問題。

只要花少許的時間就可以做好工作日誌，而你最好在客戶的公司裡做完記錄再離開。你只要把做過的事寫下來就好，這樣做除了能幫你解決問題外，還能成為你計算帳款的最佳基準。所以說，工作日誌至少提供你兩項好處，我強烈建議你要有一份工作日誌。

6） 維持正確的客戶資訊

客戶資訊要保持正確，這是個很好的基本常識。同樣的，送出一份準時而正確的帳單，並隨時追蹤費用的支出也一樣重要。因為身為自僱的自由工作者，有許多個人的開支，是可以拿來報稅時扣抵收入的。如果你沒有保持正確的記錄，你就可能會喪失許多類似的重要權益，而那個專管自由工作者稅捐的吃人怪獸，隨時會在你路過的地方，躲在橋墩下等著把你逮個正著。（譯者註：關於自僱自由工作者的稅捐部份，是以作者在美國地區的稅法為準。以本篇著作而言，就須要繳納15.3%的稅捐。）

此外，別忘了將資產設備申報折舊。凡是資產設備都免不了折舊和更新，稅捐稽徵處對於你的設備支出，不是只有在全新購買時才接受。

7）.保護軟體的智慧財產權

如果你寫出的軟體是獨一無二的程式，或者比較聰明的處理系統，你就應該考慮把這項軟體納入智慧財產權的法律保護之下。這在國會圖書管理處的智慧財產權辦公室即可辦理（譯者註：以美國為例），他們辦公室的電話號碼是202-707-3000，另外，他們會寄送一份最新版的智慧財產保護法給你做參考。

至於其他的成品，你可能也希望受到智慧財產法的保護。像我自己，在完成擴增一套大型的軟體系統執行手冊，或者是其他系統相關文件時，就多次將它們納入智慧財產法的保護。我比較不會考慮對我寫出來的指令做同樣的事，因為沒有這些文字上的說明，那些指令實在也發揮不了多大的作用，只不過這種想法不見得是一個很好的意見。我倒建議你把說明文件和指令，都一併納入法律的保護。如此一來，你就擁有法律的保護，當有人公然盜用你的心血結晶時，你就可以採取法律行動。

在此，我對經銷商的朋友們有幾句忠告，請不要竊取、影印、或盜用別人的東西，除非你已經付費給智慧財產權的所有人。想想看，如果有人偷了你的東西（你自己開發的系統），你會有什麼樣的感覺，況且，這還是你打算賴以維生的產品？己所不欲、勿施於人，對不對？

 III.一些須再次強調的誡律

由於我不斷重複提起誡律，你可能已經聽得有點不耐煩了，不過，請再忍耐一下，因為還是有些事情需要我再提出來做重點補充。

 1）.備份、備份、再備份

身為一位電腦專家，你最重要的職責之一就是，確認客戶將每天做過的變更做好檔案備份；另項重要職責是，確認客戶在更改軟體作業系統時，也能適時做好備份。所以，你可以清楚明白你的兩項最重要職責就是：備份！

軟體作業系統的備份幾乎和資料備份一樣重要。軟體作業系統是客戶的重要投資，而且軟體作業系統比起資料顯得更難維護。回想過去幾年，軟體作業系統有多少演變？它們隨著人們的需求而成長、蛻變、然後「成熟」，這些軟體作業系統也都深具商業常識和經驗。但且慢，別因為可以多省幾分鐘，就全盤接受市面上的軟體系統，因為這樣做是不值得的。

關於備份工作，我還有最後一句話說，那就是這份工作永遠不會受到實際操作人員的歡迎，真是太不幸了！記住，你可不是在競選「最受歡迎獎」。誡律十──「做正確的事比做些討喜的事更為重要」，尤其是對於備份而言，更是牢不可破的誡律！

 2）.強調控制的重要

在這麼些年來，包括我從IBM開始進入這一行，到我自行創業之後，我學得一件重要的事，那就是「控制」的重要性——會計系統的控制；批次檔的控制；細項的控制；檢查數據和各項數值的控制。

對此，我們要先學會一點，關於批次檔控制和細項控制，這兩個詞所代表的意義：所謂的控制，就是如何讓你避免自己暴露在可能產生的災難之中。

3）.徹底完成一件工作

我在第一章中提過，我曾自詡為「完成工作的專家」，在文章結尾的時候，我不能再用過度的陳述來說明完工的重要性，以及有多少人無法做到這點。一位專業人員，是必定會徹底完成他手上工作的；只有那些業餘的人，會讓一些小問題，還有一些看起來不重要的細節懸在半空中，然後為此付出昂貴的代價。如果，你不把接下來的工作好好的完成，你很快就會被逐出這個行業。

簡單來說，徹底完成資訊處理工作的兩個重要主旨：a）文書處理工作（令人害怕的字眼），以及b）測試工作（又一個令人害怕的字眼，如果真要做的話）其實，本小節可以改名為「文書、文書、文書與測試、測試、再測試」，讓我們逐項來說明：

文書處理工作：其範圍從完整的操作手冊、技術說明文件，到簡易的操作指南都包括在內。每一項又有不同的處理層次。

在你嘗試著手上述任何一項作業之前，要確定你已經和客戶做過討論。

關於文書工作，要考慮的重要問題是，要知道系統不斷在改變，一份文件要有價值，就得保持它的時效性。這也就是說，一份文件必須要很容易更新，當然，最好是「機器能夠判讀」的格式，尤其是客戶的機器能夠「判讀」。現在，你或許該考慮，把更新文件的階段性工作，也列入你的維修合約書中。

另外，還有件該考慮的事是，似乎很少有電腦操作員願意逐行閱讀你印好的文件，就好比我那些大部頭的文件說明，除非發生緊急狀況，否則很少有人動手翻閱。電腦操作員和其他員工們，似乎都比較偏好電腦線上操作指南（精靈），所以，假如情況允許的話，儘量把你的說明文件製成電腦線上說明，以「說明視窗」和純文字的格式呈現。

測試工作：這點可稱為完成資料處理工作的最後總檢討。你是否能夠執行完整和有效的測試，就決定了你與其他不夠專業的競爭者之間的距離。

要找到測試方面的錯誤示範並不難。當我在執筆寫這本書時，一個 E.D.S.（ROSS PEROT 的舊分支）的分支機構，將威蒙特區的藥局與醫療資料庫之間加以連線。結果，這真是一大災難！客戶們得花幾個小時的時間，才能等到一紙配藥證明，結果造成整個威蒙特區的騷動。當我們問該機構，為什麼在全州連線之前，不先在他們一些地區先做測試？該機構的人員說：「我們當時不覺有先做測試的必要」。乍聽之時

我一樣錯愕，但這點倒是許多大型資料處理「專家」們的典型想法。拜託、拜託，請徹底測試你的系統。

徹底測試的兩大優點在於： a） 建立良好的測試資訊，以及 b） 審慎的分析和提供測試結果。這兩項工作都會耗掉你不少時間，因此，這個部份我建議你要和客戶簽定責任歸屬，然後將責任明白寫在服務合約書中，並且逐點逐項對客戶做內容說明。之後，在你預估測試所需的時間總數外，再加上一些額外的時間，因為，通常到了最後，你會是那位實際完成這項工作的人！

我這麼說是有兩項理由的：首先，客戶不可能完成你心中認為應該要測試的所有項目；第二，客戶也不可能會有時間小心的分析測試結果。不過，測試時客戶的人員要在場，這是很重要的。他們必須了解，你在進行測試的是他們的系統，還有，你完工離開後，他們才是必須和系統一起生存的人。你會發現，在合約上提及測試的項目和過程，起碼會引起客戶的注意力。

當你在測試時，要鼓勵客戶盡量想像，未來可能會發生的意外狀況；也要你的客戶想好，希望系統具備那些特殊的功能。把這些情況全部寫進你測試的項目，也要確定你的系統可以正確處理這些要求。

在測試的過程中，在每個階段都要寫下你控制的項目。假如你不懂如何去操作某些機器，除了學習去操作外，你還可以請客戶的員工來幫你。記得要把測試結果寫下來，還有，要小心計算！

4).絕不做過度的承諾

遵循這項重要誡律是多年來我做對的幾項事之一。假如，我要選出一件會造成電腦自由工作者最大麻煩的誡律，那就是承接超出專業能力範圍的工作。身為自由工作者多年，我看過不少夥伴和競爭者，因為承接過量工作而陷入痛苦而危險的情況之中。

假設你允許自己承接超出範圍的工作，你等於違反了成為自由工作者的本意。你成為匆忙而做不好每件工作的人，也不再具有掌控自己生活和工作的自由。而通常，這種狀況也不會為你多賺進一點錢，因為你會不斷忙著修正各種錯誤，和解決各類的災難。此時你才會真正感受到，因為過度承諾而在壓力下生活，那真是人生苦短。

5).讓客戶的員工覺得像個英雄

記住，你的目標永遠都是，要和客戶維持長久合作關係，而要維持這種關係，沒有比讓客戶的員工當英雄更能立竿見影了。當你想到一個好意見，把它拿來和你客戶的員工分享，甚至於完全放棄自己的功勞。那些位居管理階層的人會等著看你的成果，如果所有員工都對你很滿意的話，那就是你成功的地方了。

如何「讓客戶的員工做英雄」，那就是不在有人失敗或犯錯時責怪他們；反過來，如果這些失敗或錯誤是發生在你自己身上，你一定要負起所有的責任，甚至為想逃避過失責任的客戶員工負責。也就是說，與其用責備的語氣說：「這個

賽門把應收帳的部份搞砸了」，你可以說：「我們在應收帳的部份出了點麻煩」，賽門是正式員工，他可能會被解僱，但是你不會。而你想要的是讓員工與你一起工作，可不是要員工和你唱反調。請明白一個道理，所謂的擔負責任，不單指好的成果，為不好的結果負責更為重要。這一點就是讓員工做英雄的要訣。

6）.保持自己以及客戶工作的組織性.

可能你已經發現到，大多數的人都缺乏組織能力，在工作上讓你自己成為具組織能力的少數人，是絕對有必要的，因為，「組織能力」是你提供給客戶的最重要服務。有時候，我會自稱為「組織的專家」，而這句話離事實並不遠。

在你出席會議前，請準備一份議程，你不見得會用到，但你會是唯一帶著議程出席的人。當你談到新系統時，要負責將相關事項組織起來。客戶忙著做他們的事業，而組織能力就是你事業的部份，有時還是最重要的部份。

7）.將日常花費降至最低

這項誡律可以用比較簡單的話來說明，如果你不省著點的花，你的事業很快會畫上休止符。

嚴肅點說，將日常費用維持在一定範圍，能提供自己許多好處，尤其是對於剛創業起步的朋友們而言。工作難免有低潮，你可能會歷經艱困時期，如果你平常的花費很節省，你就可以安度難關生存下去；假如你不控制好費用支出，你

就可能會被迫重回企業。

降低日常費用也可以讓你在挑選工作時更具彈性。如果你的日常費用毫無節制，你可能會因此被迫接受所有上門的生意，只為了彌補日常開銷。毫無疑問的，你早晚會惹上麻煩。

最後，節省日常開銷和其他費用支出，也會讓你的價格更具競爭力。那些租用辦公大樓的軟體公司，和聘請一堆員工的機構，都別想在價格方面打敗你；如果他們的索價和你一樣低廉，那他們存在的時間也不會太久了。在過去二十年，我無法細數北崴蒙特有多少軟體公司成立和消失，在生意淡季時，日常費用將他們逐一的拖垮。

8）.現在就開始動手做

不管是什麼事，馬上就動手做！在過一、兩天之後，同樣的工作會花費你更多的時間去完成，而且你不會做得更好。要維持日常生活的次序，這樣你才不會有一堆「待辦事項表」。你只要心存這個重要誡律，就可以避免「待辦事項表」的存在。

9）.享受工作、樂在其中！

如果我所說的這些忠告、警告、和恐怖的經驗談，都還沒有把你嚇跑的話，開始試著保有自己的幽默感，然後享受工作的快樂吧。總有一些正面的理由，牽引你進入這個行業，這些正面的理由常放心中是很重要的；同時，把個人意

　　願也一起放在心中，這會讓你隨時有快樂的理由。

　　接下來，我們來探討這些關於發展事業的重要問題。

第六章

開拓你的事業

第六章

開拓你的事業

前言

在本章，我們將討論一些關於經營生意的開發策略。

第一段涵蓋某些在商場成長和生存的最重要概念；第二段將說明一些你很可能遇到的「特殊情況」，這些都是你在面對和處理問題時不可不知的經驗談；最後一段會提到一些我從事電腦事業的拙見，與我個人的經營理念。

1.事業的成長與生存

1).開拓一個垂直性的市場(vertical market)

一個上下相通且環環相扣的垂直性市場，對你和對客戶來說，都是最適當的商業型態。簡言之，一個垂直性擴展的市場機能，有以下的幾點好處：

a) 同樣的一套軟體可以做多次銷售。

b) 可以持續不斷將軟體升級。

c) 讓客戶知道你對他們業界的了解。

我個人在酪農業界建立事業，並朝垂直方向擴展市場，這是個十分緩慢的過程，然而透過為兩三家酪農業客戶、奶

油公司、農產發售處，和消費合作社等不同單位服務，我確信自己所得到的經驗，足以對其他客戶提供絕佳的貢獻。我的產業知識使我得以為酪農業界設計和執行解決方案，然後將這些方案帶到其他企業。這些概念在任何的垂直性市場都能成立，在你為客戶安裝其他系統時也是。

現在各行各業所販賣的商品千奇百怪，但這個千變萬化的市場，仍然有它的極限。即使產品的種類無奇不有，站在電腦軟體界的立場，依舊能夠滿足各行各業、大小企業的不同需求。

在電腦工業廣闊的世界裡，一定還有些特殊領域，是你可以提供服務的，所以，千萬別害怕比較和競爭。所有的比較和競爭對買賣雙方都是有益處的，你個人當然也包括在內。

不論你為那種行業的客戶服務，在你腦海裡隨時都要有個基本概念，那就是建立並維持垂直發展的市場。請牢牢記住，你可以在三百六十行之外，用自己的方式為你所服務的客戶設定一個新的業別，這樣你就能輕易辨識出不同行業間的差異。就好比我在動筆寫「酪農工業軟體」（Dairy Industry Software)之前，對於該行業已經有五年的經驗。

1）.尋找不斷下金蛋的鵝

身為獨立的自由工作者最難的地方在於，你是會一鳴驚人，還是會一敗塗地。工作量對你而言，永遠不是太多就是太少，要不是根本沒有。想要成為遵守基本原則和言行一致

的銷售商，實在是很不容易，尤其是當你要供應一個家庭的開銷，或者想要享受一下高消費的生活時，光是埋頭苦幹，可能會讓你達不到目標。所以，要為自己找一隻持續不斷，且能適時為你下金蛋的鵝。這樣就能解決工作量和收支不定的問題，同時也為你的個人事業奠定穩固的基石。

用「金鵝」這個童話典故來形容，或許不是很貼切，但這是我所能想到的最佳形容詞，假如你尚未建立一個完整的垂直性市場，用「金鵝」最能形容你應該要找尋的客戶。假如你已經建立了垂直性市場，那麼你就可以在正常的狀況下銷售服務，如此經過幾年的累積，即使沒有金鵝，你可能也能生存下去。

相反的，如果你不是在一個完整而相通的市場中工作，你就要設法找到至少一個主要的收入來源。這位「金鵝」客戶，通常是穩定而持續成長的企業或公司，但他們並不想僱用一位專職的資料處理員。這個客戶會佔用你很多的工作時間，也會是你大部份的收益來源。

你要怎樣找到這隻「金鵝」呢？很簡單，你只要對現有客戶卯足全勁服務，表現出最佳的工作成果，讓自己成為客戶企業體系中不可或缺的一部分。只要你深入了解客戶企業的運作方式，而且永遠用心站在客戶的立場去思考，像工作效率、成本效益等問題，你就能順利在客戶的企業中佔有重要地位。

最後，如果你夠幸運的話，你會發現自己為某個特定客戶服務的時間越來越多，而且按時數計酬，而不是按件計

酬，此外，有關資料處理的所有決策，客戶都會向你諮詢。
那時，你就找到了主要客戶，也就是我所說的「金鵝」，要
好好的對待你的「金鵝」哦！一隻金鵝就足以大大改善你的
生活，而在經營獨立工作室時，一隻金鵝的存在與否，就足
以判定你的事業是會成功或者是失敗。

1）.了解商業會計

　　商業會計體系的重要組成物件就是經營資訊。這個事實
卻很容易被專業會計師和稅務稽查人員所忽略，假如你打算
成為客戶企業的一部份，並為該公司的經營決策者獻策，你
就必須要懂得商業會計的基本原理。

　　知道如何從資料處理中取得「會計資訊的精髓」也是同
樣重要的事。可惜的是，電腦專家中很少會有這種人，所
以，這是個你可以擁有的珍貴技術。

　　我在之前提過，我在某個程度上是個「技術怪物」，這是
真的，但我是隻對會計很了解的「怪物」。這些會計常識，使
我能持續不斷的為客戶提出建議，以彌補我那追不上潮流的
電腦知識和最新訊息。我曾為小型企業設計過全套的商業會
計軟體，也曾從龐雜的會計表格發展出會計軟體，並進一步
將之整合到現用軟體中，讓客戶每月都可結算出會計報表，
以取代老式的年度或半年度會計報表。我除了設計軟體之
外，還教會客戶如何正確使用財務報表。財務報表有它的作
用在，根據財務報表的資訊，客戶就能改善他們的企業經營
方針。這種針對小型企業所提供的服務，顯然是我整個事業

生命之中，最受歡迎和回饋最多的服務。

　　你一定會懷疑，一位電腦技術工程師要從那裡學到會計原理？就從客戶身上！是的，就是會有那麼一、兩位特別的客戶，願意教我一大堆會計原則，其餘的就靠我自己從會計工作中學習了。你也可以用同樣的方式學到會計知識。

4).電腦專家的自我成長

　　既然絕大部份的學習都來自於工作，你就有絕對義務維持自己的專家地位。我不是要你成為解百惑的印度教導師，也不是要你成為電腦全才，而是你至少要知道「目前」市面上有那些軟硬體可供選擇，以便提供客戶參考。你並不需要全心研究尖端科技產品，只要隨時注意市場上的發展趨勢即可。如果你已經建立起以某一行業為中心的的市場體系，這一點尤其重要。

　　我的建議是至少訂閱二種以上的電腦專業雜誌，或者是其他出版品，而光是訂購並不夠，你還必須三不五時就拿來瀏覽一下。此外，要多參觀電腦展、電腦賣場、或新產品發表會。其實，你從這些聚會能學到的東西並不多，但是，你可以藉由這些交流認識其他人，和收集別人的經驗故事。其實，身為獨立創業的自由工作者，最大的缺點之一就是與別人隔離。如果你希望自己的電腦專業技術不斷與日俱增，設法和外界保持聯繫是很重要的。

　　當你的事業著重在某個特定行業時，你也應該訂一份與該行業相關的流通情報雜誌。現在，你是位「某某產業專

家」，除了應有的電腦專業知識，你還得隨時跟上該產業的變化並吸取新知，以了解其發展和改變，如此才能真正為客戶提供最好和最專業的服務。

總歸一句話，請你牢記：<u>所謂的專業知識，其中有相當程度是指，要了解你客戶的行業，也就是客戶方面的專業知識。你不只要成為電腦專家，還要成為企業專家。</u>你的專長就是提建議給客戶，為他們解決生意上的問題。換言之，你是位專門解決生意問題的電腦專家。

5）.聘請員工或者找個合夥人

在你開始發展個人事業後，你承接的工作量可能遠超過個人能力所及。我說過，這行生意不是一夕成名，就是一敗塗地。不論你的生意是門庭若市，或者是門可羅雀，都一樣是個問題。

我的建議是，<u>在你生意忙得不可開交時，別忘記仍舊要和潛在客戶保持聯絡，</u>評估他們的需求，然後很禮貌告訴他們，他們得排隊到下個世紀。當然，多數客戶都會不太滿意，但你至少已經和他們見過面，而且在見面的同時，可能已經為未來的工作建立些許可能。

另一個處理工作量過多的方式，就是想的也不想聘請人員協助，或者是找個合夥人，讓自己成為組織的一部分。這些方式在我個人認為，都很不可思議。因為，不論是另外聘請員工，或者接受別人成為合夥人，都會造成很多的問題。從理論上來說，你之所以選擇成為獨立創業者，是為了可以

充分掌控自己的生活，如果你選擇了上述方式，你就得為以下幾種情況負責：

　　a) 讓另外一個人有工作可以「忙」；

　　b) 要不停的兼顧他/她的工作成效；

　　a) 每天都得處理和對方的人際關係。

　　結果是，你肯定要失去「獨立」的生活，不再只是對自己負責就好。

　　這樣的情況對你可能是好的轉變，是你可接受的情況。也或許，你原本就是個很好的經理人，而且樂於輔導和監督別人工作。不過，我還是要再次提醒你，在你決定雇用別人或者找合夥人之前，要審慎考慮所有的影響層面。假使你考慮聘請員工，先想想成為僱主後，那些隨之而來的稅捐文件吧。姑且不論可能增加的開銷（失業保險、健康保險、勞保…等等），想像一下，你可能得到的工作品質，還有，萬一那天工作量減少，少到你自己都不忙時，你該怎麼辦？再想想看，在你的雇員自動將自己三振出局之前，他會為你工作多久？

　　如果你考慮的是尋找合夥人，請先想想，你要如何劃分工作？如何分配工作的收益？還有，如何處理手上現有的客戶？這些老客戶是你的「個人」客戶呢？還是要和新合夥人共享（收入）？然後，最應該仔細想想的是，你和未來合夥人的個人目標（生活觀和工作觀）是相同的嗎？你和合夥人的觀念必須要相近，才有機會建立起良好的合作關係。很多合夥事業

之所以會失敗，絕大部份是因為合夥人之間，對於奉獻程度有歧見--願意為工作犧牲多少個人生活？ 最後，萬一你們必須解除合夥關係時，你要如何處理？所以 ，不論如何，先把合夥關係以合約書方式「寫」出來，而且，還要考慮其中所有可能的變數 (就像剛剛所提的各項問題)。

如果你覺得我太悲觀了，那是因為我經歷過組織公司的痛苦經驗。 而且，我已經看過無數的個人工作者，因為合夥而增加開銷，結果變得滿腹牢騷。我也曾經想過和一位好友合夥，我們同時都考慮到上述問題，也已經開始起草合作契約，但因為彼此都發現結果太可怕了，所以同時放棄合作計畫。我該是很幸運的人，因為我和這位可能因合夥而關係破裂的朋友，直到現在都還維持著很好的友誼。

簡要來說，我不是想嚇唬你，讓你無法擴張事業，而是在呼籲你小心思考所有可能的後果。 這種直覺判斷，可能連你的律師都幫不上忙，他只會將之當做是最糟的敵對關係，因此我建議，在你貿然採取行動之前，先徵詢一些有經驗者的意見。

 ## II.特殊狀況的應對與處理
1）.系統轉換

在進入主題之前，我要先闡明一下「轉換」的意思。我會用這個詞來形容下列工作情況： 第一次組裝電腦；組裝一套電腦替換已遭淘汰者；一套手動系統要改為自動化系統

。所有這些情況都可稱為轉換，也都代表著可能出現很有趣的問題。

在早期，大多數所謂的「轉換」，指的是初次使用電腦。在當時電腦是極昂貴的設備，當「問題」來臨時，他們都期盼昂貴的電腦能適時發揮原本設計的功能。想當然爾，其中絕大多數的轉換過程，就像是跌進地獄一般糟。

時至今日，很幸運的電腦設備越來越便宜，使得每個生意人都能買一套自己的電腦，轉換工作因而變成電腦硬體或軟體之間的轉換。不過，還是別小看這項工作，這種轉換仍然可能具有某些潛在的挑戰性。

接下來是一些我建議的工作原則，這些原則可以幫你妥善的應付轉換工作。為了在資料處理的領域中留名青史，我將之稱為「理查的系統轉換守則」（譯者註：理查是作者的名字）。

作者理查的系統轉換守則

a).計劃.計劃.再計劃

計劃完成後要將每個步驟都寫下來，包括每一個轉換過程的控制點（詳見第二原則），因為在激烈的轉換過程中，很容易將步驟混淆，所以，完整的計劃書是工作中不可或缺的一部份。如果在轉換過程中產生許多疑慮，讓你覺得無法順利完成工作，那就趕快寫個「脫身計劃」——萬一發生災難般錯誤，而系統又無揮發揮功能時要用到的計劃。由於在工作中隨時都有這種危機，所以，在你展開轉換工作之前，撰

寫一份問題無解時的脫身計劃，是讓你順利完成工作的必要條件。

b).建立良好完整的控制功能表列

工作計劃建立之初，應先逐條列出所有必備的控制功能，以確認新系統能否成功完成轉換。如果可能的話，最好不斷測試現有的軟體，並同時寫下新的程式，以延展擴充功能。然後，你會迫不及待拿新程式來做測試，以確定它們能否恰當而正確的運作。

c).如果可能的話，採分段的方式進行轉換工作

年底和月底通常是執行任何轉換的壞時機，因為會有一些額外工作在那時進行，例如：發員工薪水。先執行部份轉換通常會比較容易，這是我有一次幫客戶轉換應收帳款系統，在差點發生問題的情形下意外學到的小竅門。

當時，我只是靈光乍現想說可否從當月中旬開始做轉換，嘗試的結果居然讓工作變得十分順利。等到我有時間思考為什麼每件事都變得盡如人意時，我才了解到，「分段或中程轉換」才是最好的方式。

怎麼說呢？首先，在不做轉換之前，月底和年終本來就是大夥忙碌的時候，譬如要做月底和年終的結算、計算財產目錄的平衡、衍生帳目報告，以及其他要用到電腦的例行性工作等。而在轉換的過程中，你可能需要每個人的幫忙，你甚至還會希望大家都專注在這件任務上。

其次是，在月底或年終時，通常要等待上月或上年度尚未結轉的帳務，或者尚在進行中的交易。如果你打算等待舊

系統將以上工作執行完畢，然後才開始使用新的軟體系統，那麼新月份或新年度的轉換進度就會落後。而這也表示你開始在玩「追趕進度」的遊戲，這可是所有轉換方式中最糟的一種。

那麼，為什麼有這麼多的轉換還傾向在月底或年終進行呢？我覺得這是因為多數人認為，只有在這個非常時期，那些平常用不到的控制功能才會派上用場。就上一代資料處理軟體而言，這種考慮可能有某些價值，但就現今來說，任何一套上得了檯面的軟體系統，不論是在那年、那月或那週，都應該具有處理問題的能力。如果現用的系統無法達成這項任務，只須加寫一個小的控制程式就好（這就是我在第二條規則中所提到的新獨立系統）。當你可以在新舊控制系統中做選擇時，你就有充分準備可以開始工作了。

當然，當你要對手動系統做轉換時，有時你得用筆逐一記錄你所做的控制。但這些為了建立中程轉換而來的額外書面工作，對於減少轉換系統帶來的混亂是很有幫助的。

在這種中程轉換的概念與傳統方式之間，我建議你認真考慮採用前者。只要採用過一次，保證你成為它的信徒。

d).備份、備份、再備份

這句話是電腦界常見的定律，對不對？別忘了，這也是從事系統轉換時不可忽視的定律。務必先做好這道工作，要確定萬一整個電腦系統都毀壞時，還能藉由備份資料，將原先存在電腦裡的檔案和軟體全部復原。先回家充分準備之後，再來做轉換的工作。

　　「備份」的重要性就像是戰爭時的國家戰略。它絕對是你執行系統轉換前的重要準備工作之一，而在你工作的過程中，也要記得每到一個段落，就做一下備份的工作。這樣一來，即使在你階段性工作快完成時當機，或是最後才出差錯，你都可以搶救之前完成的工作，而不必全部從頭來過。

e).循序完成轉換工作

　　盡你所能的分階段完成系統轉換，也就是說，要把整個系統區隔成數個部份，而不要採取一次轉換。

　　以前，我也習慣把電腦系統一次更新，像應付帳款、應收帳款、支票管理列印系統、財產目錄存貨清單的控制、冷藏庫的庫存量…等等。告訴你，那真是一場可怕的「噩夢」！結果是我要不斷的做資料輸入，在各個檔案之間做拷貝，還得仰賴其他人幫忙。最後簡直是民怨四起，每個人的情況都是「慘不忍睹」。

　　其實，要避免這樣的慘狀，應該是有簡單的解決方法。後來，我才從慘痛之中學到。所謂簡單的方式就是，先從那些「必須且重要的」部份開始執行，換言之，就是應付帳款和應收帳款這兩個部分，等到這部份轉換程序完成並可正常運作時，再開始其他部分的轉換。轉換的工作其實可以是很有趣的，只要將整個工作簡化為幾項控制事項，讓每個人在工作時都可以有喘息的空間，最後甚至因而產生成就感。

　　從此事學到的教訓是，在允許的情況之下，把轉換系統的工作打散。通常這麼做都會收到成效，但你必須先辨識和切割出真正重要的部份，從那裡開始做系統轉換工作，讓這

些重要部分得以優先轉換並運作，然後再進一步轉換次要部分。這樣一來，你的工作壽命就可以長久維持，客戶的生意也一樣會長長久久。 日後再執行系統轉換時，別人就不會再當你是吃人魔鬼了。

f).對於可能遭受的阻力要有心理準備

「用新機器容易長新水泡」 這是一句從崴蒙特區老農友那兒聽來的英文俗諺。意思很簡單，就是當你開始使用一個新機器或用具時，很容易因為不夠順手，而讓手上長一些水泡。 因為改變所導致的各種不適應，尤其是來自於電腦軟體的更新，其實也和使用新器具難免造成水泡一樣，是無從避免的。你的客戶一定會有切身感受，沒有一個人會喜歡改變的。

所以你一定要學會面對和處理這種心理排斥現象，在面對客戶的害怕和懷疑 時，和你並肩作戰的最佳盟友就是「幽默感」和「移情作用」，也就是表現出一種「我和你們大家是站在同一陣線 」的態度。不要花功夫在勸慰大家，以為這樣可以讓他們不再戒慎恐懼。寧可表現出「我完全能夠了解你們的感覺」，這是正常的心理反彈，不必嘗試壓抑它，就讓心理反應自然的發洩出來。

g).別把系統轉換當成進行一件天大的工作

你不需要強調系統轉換是多麼的嚴重，故意製造那種即將發生大災難的氣氛，你用不著強調它，是因為這原本就是個大工作。只要小心謹慎且循序漸進的安排好控制系統，並且在工作之前將資料全部備份好即可。 有了適當的防範措

施，發生大災難的可能就會降到最低了。

h).判斷出適當的開工時機

做好該做的準備工作，把所有可能發生的情況確實記錄下來，然後，別猶豫不決，就開工吧！要記得，客戶付錢給你，可不只是要你做計劃， 他們要的是最後的結果。

i).不惜任何手段確保最後成功的結果

不論是資料輸入、反複拷貝檔案，或者是提列工作控制鍵，你都去做吧！甚至於 ，如果要在電腦室裝個床，而且一睡就是好幾天，你還是做吧！你要有心理準備，只要電腦晶片當掉了，就別理那些「別緊張、放輕鬆」 的工作建議。當你的電腦當掉了，你只能設法不惜一切代價把它救回來。

以上九項就是「理查的系統轉換守則」，這些是從許多悲痛或快樂的工作經驗中得來的。在經過幾年的工作經驗之後， 你會在我所說的個人經驗守則之外，再加上自己發展出來的守則。不過目前你就記著，只要你做好充分的準備，像系統轉換這樣的大工程，也可以是輕鬆愉快的工作，不然，在眼前等你的很可能是個地獄。

2）.一次擊破

了解我所說「一次擊破」是什麼，可是很重要的事。我說的「一次擊破」可不是把所有的事情拖到最後一秒才做，這種做法的結果是很痛苦的。我指的是集中精神，把某個計劃一口氣完成。大部份的人會告訴你，做事情要小心計劃，然後慢慢妥當的完成它，但我認為「一次擊破」才是最有效

率的做事方式。

就像大多數人一樣，一次要做一種以上的工作時，我也會無法集中注意力。此時，「一次擊破」讓我可以集中精神專注在一個系統上，不會分散注意力。我覺得這樣才能集中注意力，寫出更好的系統，以及更佳的代碼。所有的細節都在我的腦海中，我不需要不斷的重新回憶。

我覺得我只有在專心為一個計劃工作時，才能表現出最好的成績，而你可能喜歡在較長的時間裡慢慢完成工作。這是個人選擇的問題，只是針對和我做事方式類似的讀者們，我想要將「一次擊破」這個觀念合法化。

3）.感知困境的發生

不管是誰，或多或少都會陷入麻煩。當你開始了一項工作，有時可能會覺得自己經驗不夠，無法順利完成工作，或者是最後一定有地方會出錯。

當這種情況出現時，第一件事就是先把你認為有錯的地方精確的記錄下來，然後給自己幾天的時間思考，如果幾天後還是覺得有問題，你就必須採取行動了。不管這樣做有多麼令人沮喪，你還是得硬著頭皮跟客戶說：「很抱歉，我在開始這項工作時犯了錯誤」，或是說：「很抱歉，我想我的方法行不通。」或者是其他類似的實話。

在接下來部份，我將告訴你我個人的兩次案例，以及我當時是如何處理這些問題的。希望舉這兩個例子可以幫你，在日後發生類似問題時，可以更妥善的處理和解決。

第一個案例是有關一台叫做「IBM 5110」的電腦。

這是一套所謂小型電腦的早期電腦機種，是PC個人電腦的前身。當時我接的工作是，要幫一間即將採用這套電腦系統的伐木工廠撰寫軟體，那時我的工作繁忙，直到最後關頭才開始這項工作。除了時間的耽擱外，等我在IBM測試中心開始使用這台電腦時，我才赫然發現這是一台定價過高的大垃圾！這台電腦的整個系統都已經設計完備，其實我也可以照著撰寫客戶的程式，只是我的良心會一輩子過意不去。

我跟客戶開會時，告訴他我所發現的結論，並且建議他取消這項電腦設備的購買計劃。客戶照做了，他取消購買IBM 5110電腦的計劃。而IBM公司卻氣得發火，因為這台機器已經在運送途中。在當時，像這種「已經運送但是沒有完成安裝」的狀況，用IBM的話來說就是唯一死罪。但我從不後悔給客戶這個建議，我所做的只是遵循誡律 ——「選擇對你的客戶有益的事」。

第二個案例和誡律一無關，但和我想要永續經營事業有關。

我曾經接了一家燃料油經銷商的生意，這家客戶遠在整個州的南半部，每次開車至少要花上兩個小時的時間，但這只是問題之一，當我實際進行系統設計規劃時，我才發現在石油原料業界還有許多複雜的層面，而這些學問我根本一竅不通。此外，還有很多的收支預算問題，以及一堆微妙的議題，是我在承接這項工作之初從沒想到的。

經過分析，我明白到這項工作將對我形成一場大浩劫。

自從我將所有的問題點逐一寫下來後，剛開始幾天我一想到
這些問題就想睡覺，於是任由時間一天拖過一天。然後，我
決定採取行動，我打了通電話給客戶提議客戶開會，在會議
上我直接了當的說：「很抱歉，在我說出我可以承接行這項
工作時，我做了錯誤的判斷。」我對於因此而造成的不便，
表達出我最完整而真誠的歉意，同時，主動幫忙他們找到一
位適任的程式設計師來完成他們的工作。而這整件事，也有
了圓滿的結果。

以這種方式「完成」一項任務，讓我覺得很遺憾。不
過，要是我硬著頭皮、冒著斷絕生意門路的危險，來從事一
件根本超出我能力所及的工作時，我心底的感覺一定會更糟
糕。當然，更別說客戶能從中獲得什麼實際的好處了。回想
當時，當我在會議結束走出會場時，心中感受到的解脫，那
真是筆墨難以形容的。

在這個過程中，我也說不上來自己是遵守了〔或者說是
違背了〕那一項誡律。不管怎樣，這個經驗的重點在於，你
也很有可能身處在類似的情況。有朝一日，你難免會遇到必
須考慮放棄的時候，此時請以坦率的心情來處理和道歉，並
且主動幫客戶想到好的解決方法。

4）.學會辨別勇敢說「不」的時機

學習如何避開麻煩，和把每一件事情都做對，是一樣的
重要。如果說，一件壞工作會把你整個事業都拖下水，那可
一點也不誇張。

　　如果你對於某件工作就是覺得不對勁，或者是工作情況讓你覺得不舒服，這就是在公司內部有某些問題在發酵，導致彼此間的相互對立。有時只要一個人不肯合作，即使是完美的電腦系統，都會因此停擺。另一種會讓完好系統發生慘況的原因是，大家沒有團結一致。<u>當你發現自己正在面對這樣的人事問題時，我非常鄭重的呼籲你，停止工作的進行。關於人事問題，我會在第八章做詳細的說明，</u>不過，人事問題很重要，足以在此先行提出。

　　<u>另一個你應該拒絕或停止工作的狀況是，當你的專業技術和常識無法滿足某個工作的要求時。</u>如果需要，你就直接了當的說：「很抱歉，我想我對這方面的專業知識還不足以應付這樣的工作。」或者直接而明白的跟客戶說：「我認為，你最好另請高明。」這種處理方式，遠比你硬要塞進大腦，然後把工作搞的一蹋糊塗要好的多。客戶必定會感謝你據實以告，而且，他們一定會特別記得你這號人物。因為現在的電腦服務業界，已經充斥著太多不懂而裝懂的人了。

　　有些情況發生時，你就得說「不」！不過，如果你在這個行業才剛要起步，可能沒有這麼多的本錢讓你說「不」！但只要開始工作了，你漸漸還是需要學會拒絕。

 III.關於經營事業的個人問題

1）.如何面對氣餒的時候

如果你這個人從來沒有氣餒的時候，那你肯定不太正

常！多數人在工作的許多時候，都會深深覺得——寧可在麥當勞做漢飽包。（我常會開玩笑地這麼想）

這樣的時刻，對於專業性而言，有時候是種極大的考驗，因為氣餒的感覺會每晚伴著你入睡。你能做的呢，就是盡你所能的保持幽默，並且反複叮嚀自己，當初為何要選擇從事這個行業。如果你說在這個行業裡，沒有人會在氣餒時用這種方式解決問題，我可不相信，因為我自己就有一、兩次實際的經驗。

2）.如何處理精疲力竭的時候

精疲力竭常會伴隨氣餒而來，<u>我避免這個問題的唯一技巧就是，虔誠篤信誡律三——「勿做過度的承諾」</u>。忽視這條誡律，毫無疑問的導致你走上「精疲力竭」之路。雖然還有許多其他可能，但唯有違背這項誡律，是最快而直接使你產生倦意的原因。

假如你不願忠誠的遵守誡律三，你會發現自己開始討厭電腦這行，這時無論如何都要放慢腳步休息一下。如果你打算在這個行業久待，除了要顯示才華和工作本領外，也要維持對這個行業的興趣。我想我個人之所以能在這個行業工作這麼久，唯一的原因是，除了電腦工作外，我還領略到許多其他的樂趣，這些樂趣促使我在專業上不斷求取進步，同時也使我的生活免於被工作所支配。

3）.如何持續反省與審視自己的目標

隨著生意的成長，你也從工作中不斷的獲取經驗，此時，是否還記得當初促使你加入自由工作者的原因？---是爲了你的個人目標。你很容易因爲沉浸於工作中，而忘了原初的目標。

或者，你可以每年找些時間來回顧一年中所做的事，再想想自己對於這份工作是否仍然興味十足，如果答案是否定的，請考慮改行！你不必大費周章地開創一個自己不喜歡的事業。

4）.如何了解自己個性中的強勢與弱勢

你事業壽命的長短，完全仰賴你對於這項事業的真正興趣，以及能否避免你討厭的事。在經營事業的過程中，你會逐漸發覺自己對那些事情特別內行；當然，你也會漸漸知道自己對那些事是一竅不通，可別以爲自己是萬能的。以我自己而言，這麼些年來的工作，讓我知道自己特別不懂如何訓練操作人員。以前我覺得喜歡這樣的工作，而且還自認爲對如何訓練操作人員挺有辦法的，但我後來對這樣的工作感到厭倦。所以，現在我會盡可能避免訓練操作人員的工作。

下回當你覺得緊張或生氣時，想想怎麼做才能避免重蹈覆轍。當你緊張或生氣時，你就是沒有樂在工作中（我希望你不是如此）。如果你不能很自在，你在這個行業也不會待太久。

同樣的，當你下回覺得樂在某種工作中的時候，冷靜想想怎麼樣才能多做點類似的事情。花點工夫將自己引導到能

讓你產生滿足感的事情上，這些事情可能就是當初誘惑你成
為自由工作者的原因。產業界提供許多不同的機會，不去找
自己喜歡的工作來做，這可是件傻事。

接著，我們來看看，關於技術人員的推銷術。

第七章

技術人員的推銷技術

第七章
技術人員的推銷技術

前言

　　我在本章想要討論的是，某些推銷技巧和溝通技巧，這些技巧在過去25年中是我的銷售動力。這些技巧部份是我以前在IBM所受的訓練，有些是得自於有經驗的推銷員，另外一些則是來自於我多年來的工作經驗。

　　我希望告訴你，身爲一個受過訓練的技術人員，其實，你還是可以有方法讓推銷工作和工作會議成爲一種工作樂趣。對於現在的你而言，聽起來可能像是天方夜譚，不過，只要你看過並明瞭本章所提及的概念，就會明白所謂的「銷售會議」，　根本上只是兩個不同立場的單位或個體的碰面研談，和決定彼此之間是否有機會建立互利共存的關係。以一個專業的技術人員來說，你可以學習到如何輕鬆自在並有效率的面對銷售會議。在本章中，我將同時使用「面談」 和「銷售會議」這兩個名詞，因爲一場好的銷售會議，充其量只是一個好的面談過程而已。

 Ⅰ.重要的基本概念

1）.良好的溝通就是良好的推銷技巧

如果你想要成功地獨立創業，那至少會有段時間必須扮演一個推銷員的角色，這也就是說，你必須學習基本的溝通技巧。

如果你仔細觀察推銷員，你會輕易發現，一位好的推銷員其實就是一個良好的溝通者，他們仔細傾聽別人的意見，提出有建設性的問題，並且會陳述客戶的實際需要。本章大部份的內容會專注在基本的溝通技巧，因為對於良好的銷售技術而言，溝通是很重要的部份。

2）.你所推銷的是你自己

這點是比什麼都重要的觀念，不論你打算提供什麼服務或推銷什麼產品，重要的不是硬體設備、軟體系統或程式系統，而是你自己本身。 所謂的「你自己本身」，是指你的工作狂熱、所具備的產品知識、忠誠度和專業水準，這些才能真正讓客戶留下深刻的印象。

回想一下，上次你購買像汽車、音響、洗衣機這類東西的情況。如果你曾經四處逛逛，並和各式各樣的推銷員接觸過，你會傾向於和怎樣的推銷員交易？你是否也曾有過這種感覺，傾向選擇向最誠實和最直率的推銷員買東西？想想看，其實你在買東西的時候就相當於在買該位「推銷員」。因為推銷員會把所具備的產品知識全部告訴你，顯示出足以勝任客戶需求的樣子。讓你留下印象的推銷員，才會使你購買他所推銷的產品。

3）.工作狂熱是一種傳染病

假使你什麼事也做不來，就保持你對工作、客戶生意、以及討論議題的狂熱。讓自己實際參與並充分投入，把自己當做是客戶公司的一部份。此外，要常用「我們」這個字眼來思考和陳述。充沛的精力和對工作的狂熱，是生意上珍貴而罕見的必需品，而且他們會像傳染病一般感染給別人。

II.參與會議的準備

1）.確認工作目標和工作方針

在參與任何銷售會議之前，你一定要先明瞭，你希望從這次工作中達成什麼樣的目標？你的目標可能是整合一套完整的硬體系統、想做程式設計、整理前項工作從中獲取資訊、藉此機會以學習客戶的生意、或者是以上所有目標的綜合體。

把目標和方針寫下來，這對你的工作會有幫助，此外，要把會議中記下的備註拿出來檢視一番。不過，別讓你的記錄動作影響會議的進行，要讓你的客戶暢所欲言，然後再伺機盡力把自己想說的話說出來。你的工作方針之一必須包括傳達你的專業修養，表達你對客戶生意事業的知識，這應該在你的備忘記事項中列為第一優先。

2）.對於處理反對意見的準備

大多數的銷售訓練，把焦點集中在「處理反對意見」之

上。反對意見指的是從一般的銷售抗拒，到未來客戶對你所提供的電腦或服務的特定疑慮。

如果你的生意剛剛起步，舉例而言，你的未來客戶會擔心你的工作經驗及專業水準，以及你在這一行是否會待得夠久，足以完成產品的售後服務？當這項問題在會議中被提起，你得準備用謙虛的方式來說明自己的經驗，並且保證你對於該專案和自己專業的承諾。(記住，不管做些什麼，就是不要自己提起問題。當你自己建立起充份和專業經驗時，這點就不再會是個問題了!)

試著事先準備好客戶可能會提出的問題，還有他們可能會有的顧慮。你當然不可能預料客戶所想的每件事，但是，你還是要試著做好準備。把這些問題寫下來，然後計劃並演練你將如何面對與處理。

 III.會議過程中

1）.仔細傾聽

如果你不聽別人說話，就無法知道客戶的需要。在會議之中，客戶想說的話才重要，而不是那些你準備要說的話。

我在I.B.M的銷售訓練中，就曾遇到會議中客戶所關心的事，根本和我事先準備說明的技術問題無關，他們真正關心的是關於「人」的問題。事後觀看過程錄影，當我看到自己頑固的解說著COBOL，想要展示我在這方面的博學。結果，客戶真正關心的是，他們的程式設計師該如何面對程式語言

的轉換。看到客戶試圖引導我，結果卻白費力氣時，我都暗自發抖。這是一次很好的學習經驗——我完全忽略了傾聽客戶的需要。

2.）.提出疑問

參與會議的時候，應該事先把主要的問題點寫下來。記得讓客戶主導會議的進行，讓他或她說出想說的事。你只要準備好，在必要的時候，隨即主導會議。

在你所提出的問題點中，應該包含一般性的問題，讓客戶可以輕易的了解並加入會議的討論。舉例來說，你必須知道某項議題應該何時開始，在何時結束；客戶的人員應該參與那一部份；以及是否有特殊預算目標的限制。

經歷一段時間的工作之後，你自然會整理出一套屬於自己的工作須知，幫你適度處理所有的工作。擁有這樣的備忘錄，可以讓客戶知道，你是很有組織的，在會議前即做好準備，而且清楚知道自己在做什麼。假如你夠幸運的話，可以建立一個垂直市場，這樣你自然會擁有一份關於該產業的問題清單，讓你的客戶信服，你確實對他的生意很了解。

有個問題你一定會想問客戶：「您覺得目前最大的問題是什麼？」，如果你仔細傾聽客戶的回答，通常都會引發很有趣的討論，隨之而來的是發現一些特殊問題。

舉例來說，如果你的客戶回答，對他而言最大的問題是「員工關係」，起初你會以為這是他的人事問題，根本就無解，不是你可以回答的，對吧？其實錯了，你要接著問：

「是那一方面呢？」他可能會回答，因為支付薪水的支票總是被搞混在一起；或者是管理方面出了問題。如果是行政管理上的問題，你就可以回答並且提供解決方法。

所以，一定要提出足夠的反問，使自己能明確分辨出造成問題的真正原因。一般人通常不能以語言準確陳述他們的問題點，不過，只要做到仔細傾聽和提出良好而深入的相關問題，通常就可以發掘出問題真相。這裡要附帶說明，所謂的「員工問題」是我曾遇到的例子。這間提出問題的公司仍然很穩定的持續成長中，同時也按照日常程序發放著薪水，只不過薪水支票經常遲付或計算錯誤。(不過，沒有任何事比起支票經常遲付或計算錯誤更容意造成「員工問題」的。)藉由進一步的詢問，我可以正確無誤的指出問題的所在，也可以提出適當的解決方法。

再附帶說明，<u>問問題、仔細傾聽回答，然後更進一步提出問題，這就是基本的溝通技巧。</u>而且，應用的地方不只在推銷的場合，在日常一般的談話中也是如此。

3）.處理異議與工作障礙

處理客戶異議與工作障礙的本身就是一種藝術。當客戶提出反對意見或問題的時候，你該做的第一件事就是同意客戶的看法：「你說得對，這是問題的死角。」這種反應顯示出你在仔細傾聽客戶所說的話，既然你也同意他所說的話，他還能要求什麼呢？

這個行動反應出，你和客戶的立場相同。同意問題的存

在，而不要一直爭辯，接下來，你會有足夠的空間來研究解決的方式。「你說得對，這是問題的死角。我們以前處理的方式是....」、「…我們以前可能採取的處理的方式是....」或者也可以說：「你認為我們應該如何處理這個問題？」。<u>你要製造出團隊的工作方式，使客戶和你一起來解決問題。</u>

有時候，客戶所提出的問題並不見得會找到答案，假如你遇到這種情況，誠實永遠是最好的方法。當某人問我一個棘手的問題時，我的解決方法向來是露齒一笑，然後說些類似這樣的話：「天呀，你真是厲害，把我問倒了呢！」真是令人驚訝，一個微笑就能解除對方的武裝，尤其是那些打算對你嚴苛，或者是要讓你出糗的人。解除敵視的效果也反應出，你願意體認問題的存在，而不會想要用花言巧語或含混其辭來矇混過去。

<u>真心熱誠和對客戶的生意表現出有興趣，是處理反對意見的兩個最佳拍檔。</u>我在工作之中，總是想也不想的用「我們」這個字眼做開場白，我總會說：「讓『我們』一起解決這個問題」，或者說：「『我們』將如何共同面對這個狀況。」你和客戶是一個工作團隊，所以你們要一起解決問題。牢記，在工作進行的過程中，首先要做的是同意客戶的意見，然後再集中火力在解決問題上。

４）.勤做筆記

除非你有超乎常人的記憶力，不然在每場會議中，你都必須隨時記下重點。這些即時記錄下的重點，將可提供你馬

上反問客戶的問題點 。而且在會談中做記錄，也會顯示出你對對方的重視。

5） 清楚你的談話對象

盡你所能的將每位談話對象都當做是 V.I.P.，也就是「非常重要的上賓」，然後從其中辨識出做決策的主事者。有時候，忙碌的經理人員會派遣次要的僱員，來對合作對象事先過濾。假如你遇到這種情況，那麼逐步接近決策者是很重要的事。

當然在此之前，你和這位先遣人員也應該建立良好關係，這個人可能是決定你是否能接到這份工作的關鍵人物，他也可能會是決定這份工作成敗的人員。所以，千萬且絕對不要因為先遣人員的職位較低，就敷衍了事，姑且不提對生意會造成不良後果，輕視忽略任何人都是不禮貌，而且是絕不需要的舉動。

IV.會議後的延續動作

1）.後續的追蹤信函

假如可能的話，當你離開會議後，就坐下來利用文書處理機、小型錄音機等設備，立刻寫封回覆信。在信中要多使用「我們」 的字眼來討論解決方案，並且在整封信中以身為對方公司之一員的立場來撰寫。

除非絕對必要，不用在這封信裡詳盡描述和說明。<u>這封</u>

信只有兩項重點：陳述自己的專業素養；還有，表達你對於解決客戶的問題，有極深的興趣。不過，如果你對於會議中所討論的問題，還沒有完善的解決方案，就改說你正努力尋求解決方法，但你不能只是說說而已，要切實執行想出解決方法，然後以具體的方案再寫封信給客戶。

雖然，寫封後續信件並不是件愉快的工作，但請記得誡律廿：「現在就做」。另個重要訣竅是，要在信中表示你如何熱愛這份工作，我大多數有獲利的工作，都是經由會議後立即回信追蹤而來的，就算這場會議是在星期五下午舉行，我也會馬上寫這封信，並且不忘在信中提出我的意見，然後在星期六早上完成，即時趕在星期六中午郵局關門前把信寄出去。通常在星期一早上，我會接到一通電話：「你什麼時候可以開始工作？」 這個問題是客戶們接下來想要知道的。其餘幾位在會議中同時和他接觸的人，當他們還在四處閒聊時，我已經準備好進行這份工作了。

2.）.寫好工作備忘錄

如果你在寫會議後續追蹤信時，還沒有完成這項工作，一定要撥出時間，儘快在會議之後完成，因為在會議結束後的幾個小時，你對於各項討論的內容印象會最深刻和清晰。做一份你在會議中答應執行事項的記錄，包括你提出的問題和解決答案，還有問題被提出時的會場狀況。如果你不把這些先寫下來，過了一個禮拜左右，在你的記憶裡將只剩下會議當時的片斷了。

Ⅴ.「忌諱篇」

1）.第一次會議中避免提及重大問題點

不管會議的主題為何，都自然會有問題點呈現出來。在參加每位客戶的第一次會議時，儘量讓每個細節都維持正面的形象。除非你對這個計劃的可行性有所懷疑，而且這個懷疑是來自於常年的工作經驗。不然，你應該持續做你應做的事，直到你被視為公司團隊的一部份時，再提出困難的問題。

一個曾被視為 IBM 最成功的銷售人員曾說：「在他們走進了你的糖果店之前，不要告訴他們吃糖會讓人發胖。」同理，如果感覺到讓你棘手的問題，別急著發問，給自己多點時間，有時這些乍看棘手的問題，會被當初沒想到的簡單方式所解決。

2）.別害怕說「我不知道」

如果你不知道某個問題的答案，很簡單，就說：「不知道！」不過，不是只說不知道就好，你也要說：「我會找出答案」。當然，你接著要真正去尋找答案。

如果你沒有辦法很快找到答案，也不要讓這件事阻礙你馬上記錄會議備忘錄的舉動，趕快寫封信表示你正在努力解決每一個你回答「不知道」的問題。當你找到解答，馬上再寫另一封信，或是利用這個機會打電話給客戶。記得，要具備專業水準：把每件你說過要做的事寫下來，確定你會去做這些事。

3）.避免使用技術性用語

絕大多數和你說話的人，壓根兒不會在乎你用的是「486
/ 66 百萬赫茲的CPU」或者是用「算盤」來幫他們解決問
題。他們要求的是問題能夠被解決，他們並不在乎你運用了
那些不可思議的先進設備或電腦軟體來完成工作，只要你用
合理的價格，能幹而專業的完成工作就好了。

對一個專業技術人員而言，不使用專業術語是件很困難
的事。不過，把注意力集中在解決企業問題是很重要的，技
術性細節反倒是其次。

4）.切忌反應過度

我參加會議的時候，就經常會反應過度。要是有人在當
時說了什麼可惡或引起爭議的話題，我就會不經大腦思考立
刻採取激烈反應。如果，你也有反應過度的傾向，對你而
言，學習如何適度反應是很重要的事。

舉例來說，假如有人說出令你腎上腺素急速分泌的話，
學著這麼說：「真的嗎？為什麼你會這麼認為？」通常這樣
反問的結果，說話者的本意可能與你想像的不同，或者對方
只是想表達另一個完全不同的顧慮。讓對方多說一些話，才
會顯現出對方腦海裡真正的意思。所以，提出問題永遠可以
讓你獲得更多的資訊。但你也要花一點時間來檢驗自己的腎
上腺素，並讓自己的腦袋正常運作。

直到目前為止，我仍然不易處理自己過度反應的傾向，
不過，我一直努力要改正這點。回想在 IBM 觀看自己在會議

中的固執表現，是件很好笑的事。而當我的指導員發現我這項缺點，他們就製造出各種爭論或奇怪的言論，當我陷入他們的爭執中時，我就不行了。

有件事要記在腦海裡，反應過度會不可避免的引發爭論或相互審問，而這樣的談話方式可不算是良好的推銷技巧。謹記，當你察覺自己對於某些事產生奇怪的反應時，要以繼續發問來取代奇怪的舉動。

5）.絕不洩露機密

絕對不要對任何人提及銷售會議的內容，還有，千千萬萬別提到客戶對手的任何事情。別拿客戶的對手來開玩笑，不要貶抑人家，也不要透露出你對他們的了解。假如你做了這些事，那是很不好的生意手法，也很沒有專業素養。你怎麼能期待客戶在你洩漏競爭對手消息的同時，還會對你信任呢？

6）.絕不毀謗你的對手

在任何的推銷場合中，你應該推銷你自己，而且，也只推銷自己和你的產品，而不是竭盡所能的損害對手的名譽。在IBM有一套絕佳的鐵律，是用來處理敵對推銷員之間的關係，那一套聽起來非常具有生意觀點。當你試圖矮化某個人的時候，你可能成功也可能失敗，但此時你已經在矮化自己了。雖然，你的對手不見得會遵守這項原則，但是，你自己絕對不要違反這項原則。

Ⅵ.潛在問題

在本節我會討論兩項技術人員在做推銷時的困擾。我會以我在 IBM 的銷售實例,來加深你的印象並解釋問題所在。

我擔任 IBM 銷售代表的時間很短,雖然在 IBM 的眼中,我的表現算是十分成功 (我是首次接觸銷售課程,而我還能賣出大量設備給客戶),但我卻覺得很不適應,隱約中總有什麼事不對勁,所以我在四個月之後就離開公司了。

一直到幾年之後,和幾位有經驗的推銷員談及,而自己也仔細考慮過這個問題後,我發覺自己為什麼在從事推銷時會覺得不對勁的原因。在總結過濾後發現有兩項基本問題,這些也是許多技術取向的朋友們的困擾:

1).技術人員對於推銷員的認知

我在推銷時遭遇到的第一個基本問題是,身為一名技術人員,賺錢從來不是我的主要動機。對我來說,從事我喜歡的工作、做我在行的事、以及以我覺得榮耀的行業為職志,才是更重要的事。我想我們這些技術人員都會有相同的感覺。

從另個角度來看,推銷員傾向於以金錢為主要動機,這是企業的銷售計劃以銷售量高低,而非銷售品質為評估標準所導致的。絕大多數的推銷員會不惜採取任何方法,讓金錢進到他們的口袋。所以,推銷員給人們的印象是純粹以金錢為本位。這種印象讓技術人員在從事推銷工作時,會覺得十分不舒服。技術人員會覺得,假如他們在銷售會議上推銷,

他們會被認爲是抓錢一族，而不是以技術取勝的專業人員。其實，不需要有這樣的反應。

身爲自由工作者，你並沒有老闆，你自己就是老闆。所以，並沒有人拿著銷售計劃或銷售業績壓在你頭上，而你也不須拿任何理由去逼迫你的客戶，你大可自由自在的將工作目標設定在品質上。這就是說，如果你對於參與推銷性質的會議，會覺得心理不自在，那問題是發生在你自己的信念上，是你把自己當成一名純粹的推銷員，而沒有把自己當成一名技術人員，這是你自己的問題，而不是任何人的錯。就像波哥(Pogo)說過的：「我們已經知道敵人是誰，那就是我們自己。」

要解決個人的定位問題，你就必須要卸下這個問題：每參與銷售會議就自動聯想自己是金錢第一的推銷員。一開始可能並不容易，不過如果你希望自己日後能輕鬆自在的參與會議，你就一定要排除這樣的觀念，你不能覺得參與銷售會議就會讓你降格爲沿街叫賣的小販。

「銷售會議」只是另一種的「會議」，是一場由雙方來討論，判斷能否達成互利關係的會議。你永遠不須嘗試去說服，或是嘗試逼迫客戶同意一些對他們沒有利益的事。客戶會非常了解這點，在他們的腦子裡，對你的意圖也不會產生懷疑。總歸一句話，你對於自由工作者的評價，將決定在你自己的手上。

2）.忠誠度的衝突矛盾

　　我在IBM擔任銷售代表所發現的第二項問題，就是無法同時爲兩個不同地位的個體工作 —— 我的客戶和IBM，要同時兼顧雙方的利益，這是絕對做不到的事。因爲，對客戶正確的事(最節省的硬體開支)，對IBM而言就不符合利益；相反的，對於IBM正確的事(高硬體設備的經費)，很明顯的對客戶就不正確了。這樣的情況使我很不自在，以付薪水給我的公司而言，我明顯地失去了忠誠。請參考誡律一 ——「選擇對你的客戶有益的事」，以長遠的眼光來看，這個觀念對任何人而言永遠都是對的。我希望在那個時候，我對於這項簡單的原則有更深入的了解。但在當時，我嘗試的是對IBM和客戶同樣忠誠，這是一個高尚的嘗試，但結果卻是徒勞無功。

　　但是身爲一個獨立的自由工作者，你就不須對任何特定的人奉獻忠誠，反而，你會持續不斷和軟硬體業界的批發或經銷商維持著關係，這種關係具備著某些衝突的可能。這種潛在的衝突，只有在一種情況下會真的發生，那就是你找這些批發經銷商一起參與會議。批發經銷商一同參與的會議，通常會讓你不得不採取妥協的姿態，也就是你能夠提供給客戶的內容，將受限於那些來促銷東西的經銷商身上。有時候，你難以避免這種會議，此時請牢記誡律一，同時把你的忠誠度也加上去。記住，一位忠臣是無法事二主的。

　　我特別提出技術人員對於推銷員的認知，以及忠誠度的衝突矛盾這兩點，是因爲當我嘗試調合技術人員和推銷員的身份時，它們對我造成極大的困擾。

VII.最後的省思

1).做你自己

不管是銷售訓練、實際的生意拜訪、或是在 IBM 或其他地方的教授課程，都只有一件事會不斷被強調：「融會所有的技巧再轉化成自己的風格。」換句話說，就是做你自己。如果你始終做些不像自己會做的事，或者試著要變成另外一個人，顯而易見的是件苦差事，而這種做法，也會讓你錯失了一些你應該保有的特質——誠實、熱情以及專業素養。

2).多向有經驗的推銷員學習

如果你想從實際銷售過程中學習推銷的技巧，那就去逛車行，某些汽車推銷員的推銷技巧是很好的。仔細觀察優秀的推銷員會問你什麼問題，他們會導引你說出你的興趣——引擎、把手的樣式、省油的效力，然後他們會回到車子本身在這些方面的表現，這就叫做正中下懷，談論客人有興趣和想要的東西。

觀察推銷員怎麼樣詢問你的訂購內容，他們是如何處理你這件個案？他們在你提出荒誕和愚蠢的評論時，是採取甚麼樣的反應？現場實際並仔細觀察有經驗的推銷員，你會從中學習到很多珍貴的經驗。而當你具備某些銷售的基本常識，再去觀察他們時就會覺得更有意思了。

在市面上有很多和推銷員、推銷術有關的書籍，所以，如果「如何推銷」一直是你工作上的問題，可以考慮照著這些專書上的方針來做，而不要相信一些自稱是銷售專家的

話。

3）.學習如何「讓客戶下訂單」

在第一次的會議上，可能不太適合要求客戶下訂單，不過，總有一天你得要求客戶給你訂單。如果你夠幸運的話，你那份書面的追蹤信，會讓客戶直接用電話告訴你，你得到這份工作了，雖然有此可能，但也不能抱持太大的希望。

學著如何提出這項「大」問題。用什麼方法提出問題，可以引發客戶正面的回應？以下是一些立場比較含蓄的問法：「我們是應該從禮拜三，還是禮拜四開始工作比較好？」、「您希望日後是每週寄一次帳單，還是每兩週寄一次帳單？」、「您覺得我們是否要在週一或週二先開第一次的計劃會議？」

有時你還是要主動採取行動，這時候可能會很尷尬，不過，在你開口要求訂單之後就閉嘴!!!!。記得，第一個提出條件的是輸家。這句話本身就是現成的商場誠律，所以我們可以把它列為商場誠律第一條：「當你開口要求訂單之後，閉嘴!!!!。」

本章的建議和告誡，和實際銷售過程的技術有點距離。不過，這些建議可以幫助你克服某些技術人員從事推銷工作時，經常會發生的問題。現在你可能還是很難相信，有朝一日你會很喜歡銷售會議。其實，你所做的工作內容不過是：參加會議時有充分的準備，不會做出傷害客戶利益的事。這整個過程，就像是個討論會，其主旨在於解決商業和生意上

的問題。

　　總結以上的說明，<u>重點在於做你自己、提出問題，以及聆聽、聽話、再多聽別人說的話。</u>等到你的生意系統完整建立，你絕大多數的生意在口頭上就能完成，屆時就是別的客戶主動打電話給你啦。競爭力、誠實、和專業素養，這些都有如吸鐵一般環環相扣。

VIII.銷售會議的檢查清單

　　以下是一份關於參與會議的摘要清單，列出參與銷售會議時應該注意的基本事項，請實際遵從並確實執行。

銷售會議注意事項

 參與會議之前

 1.明辨自己的目標——記錄下來

 2.發展出問題點——記錄下來

 3.對於異議的處置

 在會議過程中

 1.提出問題

 2.仔細傾聽別人的回答

 3.說些客戶有興趣談論的話題

 4.牢記所有的「忌諱」

5.要求訂單

會議結束之後
1.馬上寫封追蹤信
2.重新整理和組織你的備忘錄

隨時應注意事項
1.維持專業素養
2做你自己！

第八章

問題篇：困難的處境和問題人物

第八章
問題篇：困難的處境和問題人物

前言

　　本章的名稱就已經點出本章的內容了，在第一段我將描述一些我在過去數年的工作之中，所遇到的難題和問題人物。我並沒有要陳述一些特定的狀況，而是著重在常會遇見的問題類型，其中包括經常會重複發生的問題，以及工作品質和愉悅感的減少等。在第二段裡，我將說明在經營個人事業時，你很可能遇到的個人問題。比如你對工作做了過度承諾，以及為相互敵對的公司服務等。

Ⅰ.問題狀況和問題人物

　　我現在要討論的狀況，其中大多數的問題，我並沒有神奇的解決方法。所以，我在此主要的任務是提出一些情況，幫助你及時分辨出即將發生的不愉快或潛在危險情況。讓你在問題發生的早期，就可以預做準備解決問題，或者準備好在不可避免的時候面對它。

　　在所有的狀況中，有兩大關鍵點須特別注意：首先，雖然有問題的存在，但是你要想辦法讓自己繼續樂在工作中；

其次，<u>確認這些問題不會演變到會危害客戶的事業。</u>

在這些問題上，我不想把事情說得太嚴重，不過，如果軟體設計的不好、整個系統沒有控制好、或者是存在著人為問題，那電腦問題對於中小企業而言可是非常嚴重的威脅。

有時電腦問題指的是電腦軟體或硬體的問題，有時是指的是事業體中最常見到的「人員」（常常是「專業人員」）問題，後者會發生在一個或一個以上的電腦使用者身上。讓我們接著從自由工作者最常遇見到的問題開始討論。

1）.抓權掌勢

這個問題是在電腦事業中最可能遇到的問題，同時也是你最可能需要面對的問題。

經過電腦化的系統，通常傾向於把很多的責任集中在一位特定人士的身上。舉例來說，以人工（非電腦化） 來操作系統的訂單登錄工作，可能需要三到四個人來負責，他們要把訂單寫下來，然後安排出貨的指令等等；而一套經過電腦化的訂單操作系統，很可能只須一個人來操作所有的工作。像這樣把工作責任集中在一個人身上，也就等於把權力集中在一個人的身上。在這個例子中，使用「權力」這兩個字是很適當的，因為訂單登錄對任何一個公司而言，都是攸關生意存亡的作業。

很不幸的是，任何時候只要讓權力集中在一個人的手中，就會演變成「抓權掌勢」的情況。那些有野心的和缺乏安全感的人，會忽然發現電腦系統讓他們的地位變得不可或

缺，電腦成爲一種工具，使他們得以獲取並維持掌握其他員工和公司重要功能的權力。

有時候，要解決這種「抓權掌勢」是很容易的，以前面所舉的訂單登錄爲例，方法就是交叉訓練，讓多數員工接受訂單登錄的訓練。但在其他例子中，事情就沒有這麼簡單了。

另個更嚴重的「抓權掌勢」是，讓一個人掌控著電腦知識。在中小企業中，似乎經常都只有一個人在做電腦支援。這個學會程式設計和處理小型硬體設備的人，會比其他人學會更多的軟硬體操作。通常，這個人會覺得自己重要性十足，覺得公司少不了他，這種情況就會演變爲「抓權掌勢」。

類似這些的「抓權掌勢」，可能會演變成很嚴重的狀況，而且，它經常會在不知不覺的情況下，發生在你平常默不吭聲的助手身上。當一個正在成長的電腦人材，由於對於電腦術語和電腦操作較熟練，你會因爲他比其他員工更容易了解你說的話，而漸漸地只向他解釋所有的事情。

最後，你將製造出一個怪獸——不時製造各種干擾和頭疼問題的人物。這個人可能在某些重要日子裡〔每月月底和年終〕，還會生另一種「病」(例如要求加薪，三不五時鬧情緒，或者使其他員工無法正常工作)，而造成不應該有的浪費和損失。簡而言之，這會造成公司的混亂。

處理「抓權掌勢」問題最難的是，這類問題人物通常都很有能力和價值。他們通常對公司的不同部門很熟悉，而且

可以做不同的工作。在中小型企業本來就很容易產生抓權掌勢的問題，總是會有幾個關鍵人物，確實是公司少了他們生意就做不下去。這時候，你又該怎麼辦呢？

答案是你必須嘗試儘量減少這種問題發生的可能性 。至於要如何避免，我有五項建議：

a.)讓高階管理者明白這些問題的前因後果，而且要特別確認他們了解問題的嚴重性。

b.)儘量執行交叉訓練；在電腦操作的每個層面，儘量訓練出不同的操作人員。

c.)確認重要的關鍵人員，每年至少連放兩個禮拜的假，當然，適當的放假日是月底或年終，或者是在複雜作業時期讓他放假。讓關鍵人員在重要時期放假，會激勵其他人員學習擔負責任，並且因此學會這位關鍵人員的工作。

d.)要求製作每日操作程序的清單，包括月底和年終時所要執行的工作，以及全部固定和特定的操作步驟。如果有需要的話，由你自己來寫清單，但要確認主管和其他員工看得懂，而在需要的時候可以派得上用場。

e.)最後一招安全防止有人抓權掌勢的方法就是你自己。當你察覺這種抓權掌勢的情況正在形成時，你有責任要做以下兩項工作：第一，確定主管們已經知道這個問題；第二，確認你自己知道如何處理每件工作。是你成就了這個系統，所以，你必須有一套方法維持它的運作。

從另一方面而言，「你自己」本來就該是公司處理這位問題人物的最佳後盾。當然，這種情況不可避免的把你提升

到有權力的地位，不過別介意，反正你一直都在那個位置。而且身為一名專業人員，你的主要責任就是這個企業（客戶）的成敗，而不是在累積個人權勢。我在摘要中曾說到，在你的電腦事業中，抓權掌勢是最常見、最致命和最難處理的問題。但這是你身為電腦自由工作者的責任，要以專業的眼光洞察危機，並且有效的解決它。

2）.缺乏安全感和「 受威脅」的人們

我確信你已經明白，在社會上各階層的人群中，都存在許多缺乏安全感和感覺「受威脅」的人。這些人不是對自己缺乏認知，就是覺得受到他人評論的脅迫，覺得自我的領域受到侵犯對於這些缺乏安全感的人們，我的定義是當你對某些人說：「事情已經緊急到火燒屁股了」，缺乏安全感的對方會暴躁而不耐的回答：「我知道！」。這些人對於可能的失敗，抱持著大而深沉的恐懼，而且不知道為為什麼，他們就是打算一直這麼維持下去，常把其他員工和整個企業體都帶進深沉的恐懼之中。

我是沒有資格談論心理學的層面，但卻有足夠的資格警告你，這些缺乏安全感和感覺「受威脅」的人，對中小型企業所具有的危險性，尤其是當電腦系統讓他們可以獲取和集中權力時。

在我曾經服務過的公司中，至少有三家因為這些人而導致生意失敗。其中的兩個例子，這位問題人物身居要職，他們因為職務的關係，可以不露出痕跡的損害公司。第三個例

子是一個非常缺乏安全感的人，他就是無法把工作完成，結果把一些工作文件藏起來，對工作記錄十分暴怒，最後終於導致生意失敗。

我並不認為自己對這個問題，能夠提供什麼深謀遠慮的建議，我個人在這些年裡的處理經驗，只能算是差強人意。不過我深刻了解到，這些抓權掌勢者會影響一個中小型企業的成敗，而電腦系統往往會幫助這些人透過掌握公司的重要機制，而集中並維持權力。

身為一名電腦專家的責任就是，要確認高階管理人清楚「缺乏安全感的人和電腦系統組合之後，會發展出什麼樣的潛在危機」，而要讓最高主管隨時提高警覺是需要技巧和策略的。我並未致力於這方面的研究，但在必要的時候，我還是會清楚而大聲的警告他們，而這也是我建議你採取的方式。你的專業責任是對最高主管和公司的生存負責，自由工作者必須讓最高主管很清楚問題何在。

假如最高主管選擇不接納你的意見，這時如果你還沒把這些建議做記錄，先把它們寫下來，然後，認真考慮要不要放棄這位客戶。身為一個局外人，你所能做和所該做的只有這些，而你所能承擔的責任也只有這些。盡你所能的努力，但注意別在不知不覺中成為災難公司的合夥人，當這家公司失敗時，你會連帶的遭受損失，這可不是你最初的工作目標。我自己就發生過這種情況，而那種感覺真是糟透了。

3）.官僚和官僚制度的繁文褥節

　　我曾經說過，我個人比較喜歡幫員工在5到50人、營業額在美金200～2000萬的公司服務。以我個人的工作經驗來說，這種規模的企業體的經營型態像個家庭一樣，每個員工之間都彼此認識，而且都朝向同個工作目標前進。事實上，此種規模的公司，員工如果不能同心協力，公司也就無法生存。這也就是為什麼為這種公司服務會這麼有趣：你是這個團隊中的一份子，也是這個家庭中的一份子。

　　當一個企業的營業額超過美金2000萬，或者是它成長到一定的規模，大到足以讓某些人開始追逐自己的目標——建立個人的小王朝、搞起政治、累積權力、或者設法讓自己的工作更為鞏固。此時，和他們一起工作的所有歡樂就會煙消雲散。

　　問題發生的第一個警訊是，有些部門或某項活動的負責人，開始要求你幫他們做些沒什麼道理的事。（像是讓某個人難堪、讓某人的工作變重要或複雜、把某人的工作經費花掉等）。簡而言之，你已經被要求做些充滿「官僚制度」味道的可怕工作。

　　我個人對於「官僚」的定義是指，某些將個人職務、需要、策略視為比公司組織更為重要的人們。毫無意外的，那些缺乏安全感和感到「受威脅」的人們，往往會牽涉其中。

　　對付「官僚」通常需要一些祕訣，有時還得稍微置之不理，不過，在必要時再如此做。因為，除非是該名員工即將被開除，不然你很可能要繼續和他共事，而你不會希望和共事者完全疏離。

　　我無法提供什麼特別的祕方，來解決官僚的人和官僚制度，只能說你的責任有以下幾點：

　　a.)不做沒有頭緒的工作。假如有一項工作根本是浪費時間和經費，你就不應該牽涉其中。

　　b.)讓這位不快的官僚先生或女士明白（可以的話，做得巧妙、機靈一點，不用得罪人），你的責任是協助公司興盛繁榮，而不是要幫助他個人。

　　為了能順利完成這些任務，你必須保持和高階管理人緊密連繫，就樣你就不須再踏進總裁辦公室說：「某人要求我幫他做些愚蠢的工作。」不過，你絕對要找到方法，以避免做些不必要的工作，而且，你應該用長遠的眼光來尋找解決問題的方法。

　　淘汰不良工作任務的最佳方法就是，利用經費評估來解決問題。如果你身為管理人，應該要經常想到這個方法。假如你總是有辦法，讓這些官僚員工所提出的計劃都經過成本評估，那麼，你就可以在官僚形成之前，把絕大多數的問題排除掉。

　　另外一個方法更簡單，就是拒絕執行工作，你可以用技術問題當藉口，表示自己因為忙碌而不小心忘記做了，或者先從別的工作開始做（這也就是我說的「稍微置之不理」的意思）。這個方法有一點危險，不過我以這種方式處理過許多類似的問題，只要有足夠的時間，不良的工作計劃和意見都會自動消失。

　　關於對付官僚，我的另個意見是這樣的：如果管理階層

明白這些問題，卻選擇不採取任何措施的話，那麼我建議你考慮換個客戶。官僚問題和缺乏安全感的人員問題，就足以顯示一個事業正陷入危機，特別是當你眼睜睜的看著管理階層知道問題，卻選擇不採取任何對策時。不論在當時，這份收入對你而言是多麼重要，你都要知道，沒有任何事情會比你的專業尊嚴更重要，千萬不要滿足這些官僚人物的願望。假如，你已經多次敲響警鐘，卻沒有人對你的警告有反應，那就有大問題要發生了，你自己最好適時的採取對策全身而退。

這些不愉快如果都不曾發生，那當然是很好。只是很不幸的，在你的工作經歷中難免會遇到這些事。身為電腦專業人員和自由工作者，對於這些因為人們和其自我所引發的各類問題，你得做好心理準備。

4）.轉換的問題

雖然在轉換時經常會遇到缺乏安全感和感覺受威脅的人員，但至少你可以用正面而直接的態度來處理。轉換的問題是很常見的，造成的原因經常是欠缺計劃。不過，就算是你已經做了完善的計劃，像是完成工作執行表、人員職責分配、和充份測試，所有的事情似乎都很美好，但你還是有可能遇到以下幾點常見的問題：

ENTER **恐懼：**用恐懼作形容，只是很簡單地暴露出人們害怕改變的事實。害怕改變的心理是好的，也是正常和健康的。改變對於人們所熟知的現況，永遠是一種威脅。至於恐懼感，

或許是某種求生存的原始本能反應。

　　處理恐懼改變的心理，最好的方法是充份融入其中。不用嘗試說服不安的人們，要認同他們的感覺：「是啊，這套新系統是有點嚇人，對不對？」這麼一來，你和對方是在共同工作，而不會變成像是個拿刺棒催趕家畜的人，逼迫他們做不想做的事。

ENTER **未完的任務：**雖然你有完整的計劃，並持續檢查工作進度，所有的人也一再表示他們已完成份內工作，但最後就是會有些工作沒有完成，最簡單的解決方法就是你自己動手去完成。不要介意這些工作是資料輸入、用額外的機制來做控制、整理資料，或者是相關的文書工作，你就是做吧！

　　如果未完成的工作是你無法獨自完成的，那麼，要有心理準備採取任何必須的高壓政策來完成工作。這也就是說，你可能需要化身為童話中的「和善的食人魔」(gentle orge)（就我個人來說，可沒那麼和善）。牢記誡律十———「做正確的事比做些討喜的事更為重要」。可能這位被你逼著完成工作的人會不喜歡你，不過你所做的事是有利於整個企業的，你當然會受到管理階層的喜愛。

ENTER **軟體完全不能運作：**這一項應該已經包括在你的轉換計劃之中，因為這種情況還是會在某些時候發生。儘管你做過再多的測試，還是會有某些機制因為資料量太大而徹底崩潰，逼得你不得不放棄整個轉換的工作。

　　當這種情形發生，記得要保持你的幽默感（在你開始執行轉換工作之前，就必須儲存好資料備份），把備份檔案和原

始軟體重新灌回電腦，然後一切從頭來過。當然這麼一來，會讓你第二次的嘗試變得更為困難，因為每個人都在等待轉換過程的失敗。你必須要體認到，這種情況會常常發生，你必須要學習失敗並接受它。

ENTER **其它主要的問題：**當問題發生時（必定會發生的），記得遵守以下三大原則：

原則一　不要驚慌失措：保持清醒和冷靜，然後把所有想得到的解決方法寫下來。

原則二　不要驚慌失措：當你驚慌失措，就會喪失清晰和敏捷的思路。

原則三　不要驚慌失措。

這些問題遠超過你在進行轉換時所能想像的範圍，但它們確實是一些時常發生的問題。當你在處理艱困的轉換工作時，可能得回頭參考第六章，那些理查原則可是經過 28 年，處理各種規模和類型的轉換工作所得來的，它們象徵著從數不清的錯誤以及嚐試之中所獲得的知識。

5）.不可思議的人員問題

客戶公司裡出現的人員和不適應問題，會對你的工作造成干擾。接下來，則是三種你最常會遇到的情況：

反對改變

試圖強迫一群不願革新的人來接受新系統，會是個令人沮喪和吃力不討好的舉動。多數的反抗行為是正常而可預期

的反應，但有時企業中的某些人，對於主管提出的新系統會死命的反對。要是你遇到這類激烈的反對力量，別讓自己在公司上層和下屬之間的戰火裡受到波擊，因爲這是公司內部的管理問題，它們必須在你都還沒涉入之前就先解決。

能力不足

在你試圖完成新系統時，同樣會令你沮喪和吃力不討好的情況是，和你一起工作的人完全不具備執行新系統的能力。這種狀況有時不完全是這些人的錯，也不是他們工作不力，而是他們就是沒有能力來面對新系統。所以，如果能夠的話，你應該盡你所能的在設計過程中，先把這個問題發掘出來，請公司主管以額外訓練、增加人員、或者是部門人員交換的方式來解決。

公司內部不同單位間的衝突

第三項同樣讓人沮喪和吃力不討好的情況是，公司內部不同單位間起衝突，衝突的情況可以從很簡單的不合作，到彼此間激烈的敵對。在較大的公司裡，單位之間的衝突、「領土爭議」和小規模的政治糾紛都很常見，這些都是設立新系統時的障礙。

將操作系統自動化時，由於得逼著不同的人一起工作，因此總是有許多人事上的問題。單位間的衝突是管理上的問題，你沒有立場多說什麼，學習辨認出這種狀況，並且避免捲入戰爭，對你而言是很重要的事。

一份良好的執行計劃是你面對這些人員問題的最佳的戰友。當你要簽署一份工作、擔負起責任的時候，許多有趣的議題和衝突通常就會浮現檯面，要確認你注意到所有的警訊。

II.「人事」的問題和決策

現在讓我們針對個人問題來多做一些討論。我指的不是指甲倒插、身體不適、或者是髮型看起來不順眼的日子，而是那些由你個人或別人身上所引發的生意問題：

1）.客戶所提供的工作機會

這是我所能想像的最好的開場「問題」。如果你把工作做得很好，並且確實執行所有的誡律，很可能會有客戶提供你全職工作。你已經瞭解客戶的生意，也成為客戶企業中的一份子，而且你還幫助他們完成工作目標。很自然的，他們會主動提供你工作機會。

我對於這些主動而來的工作機會向來感到受寵若驚，有時候也會覺得這些工作很具有吸引力，但是經過一番考慮之後，我都很有禮貌的拒絕了。**以下是我的幾點理由，你應該也會派得上用場：**

ENTER 你的獨立自主。 回想你當初想要自立門戶的渴望。

ENTER 其他的責任和義務。如果你有其他的客戶，你不可能把他們丟在半路上，不對他們正在使用中的系統做支援。後續支援是很難找到的，除非你願意在全職工作下班後，繼續支

援你的舊客戶。然而在正常工作以外兼職,將會造成許多的
衝突。

ENTER **做為自由工作者,**<u>你在客戶眼中的價值會比較高。</u>身為
一個自由工作者,當你觀察出客戶企業上的嚴重問題時,你
可以直接走入總裁辦公室,然後把這些問題大聲說出來。假
如有人用過時和缺乏效率的方式來處理某些事情,你也可以
把這件事告訴公司總裁。自由工作者的「外人」觀點,對於
客戶來說比職員的看法更有價值。

ENTER **專業素養的提升。**做為自由工作者最好的一件事是,藉
由為許多不同的公司工作,累積多元化的經驗。這些經驗不
僅讓工作更有趣,同時也可以提升你的專業素養。為單一的
公司工作,你的企業觀點和電腦專業都會受到限制。

　　所以,當客戶提供你全職工作的機會時,你該怎麼做?
你當然要表達你的感謝,以及你對於這個機會的受寵若驚。
如果這是你第一次遇到這樣的機會,或許你應該要求考慮幾
天,然後再告訴他們你自己想說的答案。經過自己的思考
後,假使你不打算接受這份工作,我建議的回絕說法是——
想維持在獨立環境中工作。或許你也可以對客戶指出,你當
個外人對他們比較有利。借此機會,你還可以承諾撥出一定
的時間為這個客戶服務。

　　<u>我在第六章曾提過,擁有一個主要的客戶——一隻「金
鵝」是最重要的事。</u>這樣你才能獨立,並且有固定的收入。
你可以多用點時間幫這位客戶徹底訓練員工,讓他們學會自
行處理小問題,你就不必花很多時間講電話。你因此可以多

學點客戶的生意，並做出多一點的貢獻。客戶也不必擔心你的福利，或者如何才能讓你每週忙足40個小時。

你和客戶之間，最好可以持續保持聯絡。你的客戶如果夠聰明的話，他會知道這麼做的好處。所以，把每個工作都當做是可以和客戶建立正式而持續關係的最佳機會。

2）.過度承諾的處理方式。

雖然可能性很小，但你總也會偶爾誤入岐途，無法履行誠律三：「勿做過度的承諾」。如何處理這種情況，我想以下幾個步驟會幫你解決問題。

你第一件應該做的事是，判斷自己是不是做出過度的承諾。假如你發現自己工作得疲憊不堪，每天工作超過 20 個小時，無時不刻不在煩惱怎樣把答應客戶的工作做完時，你就已經對客戶做出過度的承諾了。一旦你發現情況失去控制，你要先坐下來，好好的想想如何處理這樣的變化。

首先，先把你答應要做的工作逐一寫下來，並寫下承諾的完成日期，然後決定你要讓那一位客戶失望。你可不是要在工作上交朋友，你甚至於會因此而失去某些客戶。不過，糟糕的工作成果、強烈的工作壓力、和失去成就感更是讓人無法接受的事。與其搞砸工作而讓客戶失望，不如讓他們因為你無法為他們工作而失望。

只要對那位失望的客戶，採取誠實和正直的態度，坦誠自己過度承諾的過失，同時說明會在清理掉所有應做的工作之後，馬上開始做他的工作。你很可能會發現，客戶比你想

170

像的還能諒解，尤其是你能對他們完全誠實的話。對你的客戶而言也是一樣，他們會希望失望是來自於工作沒完成而不是搞砸了。還有，你是事前讓他們失望而不是事後，因為前者他們至少還有選擇的餘地。

　　當你在選擇要完成、延遲和放棄那些工作時，我建議你選擇放棄最近才答應的工作(即使這代表著將失去一份很誘人的工作機會)。換言之，要對你最早承諾的工作負責，就算它不見得是最吸引人的工作。這麼做，才是自由工作者專業的處理方式。

　　最後，不必覺得自己像是犯了全世界最大的罪惡，每個人都或多或少會做出過度承諾，這是很容易犯下的毛病，尤其當你對工作充滿狂熱的時候。由於你的工作不是豐收就是挨餓，所以你想要抓住每個工作機會的做法是可以被原諒的。只要記住，過度擴張自己，反而不能做好任何事，確實地自我反省，並從這些經驗中學習。

3）. 期待稱許。

　　我在之前就提過這個主題，但在這篇關於「問題」的章節裏，提出的用意是它值得特別重視。因為身為自由工作者，最容易在這方面感到沮喪。有些時候，尤其在你完成一件頗為自豪的工作之後，很容易覺得別人都不感謝你，或者覺得沒有獲得最起碼的感激。由於沒有並肩作戰的夥伴，可以一起分享勝利的喜悅或者挫敗的傷感，你經常會覺得身為自由工作者，生命是比較寂寞的。

關於這個問題，我並沒有很好的答案，除了自己要學會拍拍自己的背（試著把手伸往背後試試），來自我安慰和鼓勵，接受這是每位獨立工作者都無法避免的苦境。下回當你在天氣很好的日子裡，外出釣魚或登山時，再來想你是寧願選擇在某公司裏天天工作，期待著有一天會有人走過來拍拍你的背、說兩句稱讚你的話呢？還是寧可選擇照自己的決定做事？

4）.同時為相互競爭的兩家公司服務。

為兩家或兩家以上互相敵對的公司服務，是個比較棘手的問題。尤其是當你已經建立起一個完整的垂直性市場，服務的是某種特定的行業，這個問題會更加麻煩。我將提出利益完全互相對立的兩造之間的問題，並告訴你雙方會有的一些爭議。

ENTER **自己的觀點**。就你本身的利益而言，一般原則應該是，任何客戶都沒有權力要求你限制自己的工作，像是限制你不可以幫那一家公司做事，這就好像書店不能要求每個人都要買一本「如何成功做生意」。這是比較極端的例子，但是，你的工作是要把問題的解決方案賣出去，所以必須接觸所有可能的客戶來藉以維生。所以，這應該是很合理的，對不對？因此，你拒絕受限於服務單一公司，是非常公平而正確的事。

ENTER **客戶的觀點**。現在若以客戶的利益觀點來看，他有著很聰明的做事方法，擁有特定的價格策略、銷售量、成本結

構，還有其他具有專利和秘密的資訊。假如你為敵方工作，他憑什麼信任你，把這些資訊交給你？這種說法同樣合理，對不對？以你客戶的觀點，他可是很有資格限制你的工作。那麼，到底該如何解決這個問題？沒有什麼快速和確實的方法，只有些一般性的策略。而這些策略是取決於你是為一個垂直性市場，還是為特定機構服務。

● 垂直性市場

如果你是為整體市場服務，我建議你不要限制自己只為特定客戶服務，因為這樣你很可能無法生存。

你務必要讓所有客戶都明白一個觀念，那就是你和你所帶來的產業知識，讓他們可以從你身上獲得好處和幫助：你可以教他們如何有效控制庫存、改進特定的製造方法、有效率的組織生產線等。告訴他們這些都是得自於，你為固定產業工作所獲得的知識。

另外一件你必須要說服客戶的事是，你個人的正直廉潔。這點就和說明產業知識有所不同，你必須以自己的專業素養和聲譽，間接地表達出你個人的正直廉潔。要讓客戶在告訴你機密資訊時，感覺到很舒服。

總之，你提供給客戶有兩項服務，就是專業知識和個人的正直廉潔。銀行和其他金融服務業的對象是廣大的群眾，其中不乏彼此對立的客戶，而你也一樣做得到。所以如果有某位客戶依然堅持不准你為他的對手工作，你可以不必多考慮，很禮貌的拒絕掉這份工作。

為特定的機構工作

　　另外一種競爭情況指的是，你可能同意不爲客戶對手工作的情形。這種情況通常是，爲個別客戶設計獨一無二的系統，或者是在某個產業，個別企業的營運模式將決定其生死。舉例來說，在建築這個產業中，各家公司用來競標的成本估算法都很特別而神秘，每個建商都誓死保護自己的計算方法。面對類似的情況，如果你服務的不是垂直性市場，而且你預測在同個行業也沒有其他的工作機會，你就可以接受客戶希望你不得爲其他競爭者工作的要求。在客戶提出的要求很合理的情況下，我也曾經接受過幾件這種情況的個案，我沒有因此覺得受到嚴厲的限制。只不過請記住，不論你同意客戶什麼條件和要求，最好可以把它們全寫下來。

　　談了這麼多的「問題」，現在讓我們接著來談談系統設計、製做代碼和履行計劃的議題。

第九章

系統設計、代碼管理和執行

*I.設計代碼的原則（Coding principles）

讓你的代碼（Code）保持簡單明瞭

建立設計代碼的基準並嚴格遵守

在你的代碼中加上註解說明

*II.設計的原則

接受規格說明經常在改變的事實

在系統設計過程中和所有的使用者溝通

花些時間實際操作你設計的系統

對於不可思議的問題人物要特別小心

*III.一般性的原則

讓自己保持在有組織的狀態

掌握「簡單」的概念

確認做到適度且必須的軟體備份工作

善於履行計劃

預期災難的發生

成為閱讀說明書的專家

第九章
系統設計、代碼管理和執行

前言

本章我們將討論一些關於系統設計、代碼管理和執行的幾項基本原則。這些基本原則沒有什麼新意，不過我認為它們的重要性值得我在此提醒大家。

Ⅰ.設計代碼的原則

1）.讓你的代碼(Code)保持簡單明瞭。

任何寫過程式的人，都曾經歷過那種用非常手段來完成工作的刺激和快感。忘了它吧！要讓你自己和其他程式設計師，都能輕易理解和變更你所設計的代碼。如果你在設計代碼時，沒有做到盡量簡化的話，你就是在幫自己和客戶的倒忙。

2）.建立設計代碼的基準並嚴格遵守。

你所設計的代碼不見得要複雜或好看，而是其中要有一致性。否則，在寫好代碼兩、三個月後，就算是代碼是自己所寫，在你腦中也是記憶模糊了。

代碼保持一致性的好處有以下兩點：

ENTER **讓你自己可以辨認**。如果你和其他程式設計師一起執行工作，或者是你所服務的公司，任用兩個以上像你這樣的自由工作者，就很可能會發生這樣的質疑：究竟是誰寫了某段代碼。假如你嚴格遵守代碼的一致性，你就可以快速而輕易的辨識出自己的作品。我不打算在這裡詳細解說，但請相信我，它的確很有幫助。

ENTER **讓你自己可以更輕鬆的修正或變更**。遵守設計標準，就像是欄位、變項、分隔點的命名具有一致性和系統性，使得它們易於被理解和修改，一組程式也應該是如此。對於大型的程式來說，更是如此。

艾默生曾說過：「愚蠢的一致性是你小腦袋瓜裏的妖魔鬼怪」，這句話在生活的其他方面或許是對的，不過在設計代碼時，就絕非如此了。保持一致性絕對不是蠢事，我也衷心希望，這不是小腦袋瓜所製造出來的怪物。

3）.在你的代碼中加上註解說明。

代碼的註解說明是「免費」的，也就是在你執行作業的過程中，不會為你賺進一毛錢。不過，對客戶和你自己來說，註解說明卻是很有價值的東西。當然，這不是要你幫每個程式都寫一份操作手冊，而是有份說明可以幫忙辨別過程和指令的設計意義。

有了「註解說明」，當你要修改代碼指令或者增加代碼時，會備感受益無窮，尤其是幾年後才要修正或變更指令

時。註解說明對客戶也有好處，因為你將產品變得更有價值了：註解說明使你的程式更容易被其他程式設計師所理解和修改。

遵守誡律一：「選擇對你的客戶有益的事」，其中部份意義就是，永遠別忘記為客戶提供具備永續價值的產品。一個產品如果不易被其他人了解，就不具備永續的價值；而除非你的產品備有充分的使用說明，不然別人也很難輕易了解你的產品。

雖然在今天，前述的這些基本原則已成為普通常識，但在25年前我剛開始從事程式設計時，它們可沒有這麼重要。雖然如此，我當時就開始強制自己遵守這些原則，結果我獲得了不少好處。時至今日，我仍可回顧過去幾年我所寫下的數千程式，關於這些程式的演變和現在在執行的工作，很容易就可以看出來。我也不必完全重頭來過，就可以讓舊程式重新運轉。而我以前針對一些基本問題的紀錄，也幫我省下不少麻煩。

隨時記得，要像寫書一樣把你的程式記錄下來，因為一份技術性手冊必須讓其他人能夠閱讀和了解。有了這種觀念，你寫出的代碼會更好，給客戶的產品也更有價值。相信我，這種做法會讓你的工作與生活過得更輕鬆舒服。

 II . 設計的原則

1）.接受系統規格經常在改變的事實

在你完成系統設計到你寫完或執行代碼之間，系統規格是經常在改變的。其原因如下：

使用者的了解程度

在大部份的情況下，不斷修改規格是正常的，而且唯有當使用者對新系統有更深入的了解時，才能夠避免一再的修改。用另個角度來看，這些修改動作其實是個好現象，因為這表示有人開始關心，想要知道這套新系統將來會怎麼運作。

對於這種情況，除了多召開相關會議之外，除了盡可能小心的設計系統，並為未來的發展做好準備，你能做的實在不多。當你逐漸累積設計系統的經驗之後，你會發現自己就能相當準確的預見系統將來的發展。

員工間缺乏溝通

另外一個造成規格得修改的特別原因是，員工之間缺乏良好的溝通。假使某個部門的員工，不了解他們的工作對另個部門的員工有什麼影響的話，他們所提出的需求，會使你在設計系統時缺乏遠見。當你在設計新系統時，很重要的一件事是，要讓這套系統的每位使用者清楚自己在整體系統中所扮演的角色。這就需要舉行跨部門會議，讓每個人都了解整個系統的概要目的為何。

與管理階層之間缺乏溝通

第三個造成系統規格必須改變的原因通常是，在整個設計過程中，缺乏和管理階層保持溝通。如果可能的話，讓管理階層在你所設計的各種報表、表格及和系統相關文件上簽核。有時候這麼做可能有些尷尬，但要求他們在文件上確實簽名，可以強迫他們提高注意力。通常，做到這樣就夠了。

為增加使用者的了解、員工之間缺乏溝通、或與管理階層人員缺乏溝通，只是眾多原因裡的三項。在實際作業時，原因會多得數不完，而且其中有許多是你所無法控制的。你能做的最佳預防措施就是，遵守完善的設計指導原則，然後，接受「部份的改變是不可避免」的事實。

以往當我仔細的設計了一套程式，並且差不多完成代碼作業時，要是別人要求我做變更，我會覺得很不舒服。這種情況是蠻令人喪氣的，但是不舒服或生氣卻於事無補，因為這樣只會嚇到別人，造成人家不願意告訴你他們的需求。

2）.在系統設計過程中和所有的使用者溝通

這是一項很基本的原則，基本到我有些遲疑要不要在此提出。但是，由於我自己好幾次都沒有做到這一點，結果當然是很慘。所以，我想應該要特別注意。在設計一套系統時，我傾向於和特定一兩個人討論，在一陣狂熱之後勇往直前。後來我才發覺，要是我可以做的更徹底，且多和相關人員溝通，就能避免遺漏許多重要資訊。

當你和所有可能使用到這套系統的人溝通時，你會很意外的發現，竟然會有這麼多你沒有發覺的「事實」和建議。

同樣的問題竟然會有許多不同的答案！然而這並沒有誰對誰錯，或者誰在試圖誤導你。因為，就算是在兩個人之間，也會有不同的工作期待，或者是承擔的責任完全不同。答案讓你疑惑，可能只因你問錯了對象；或者是你問問題的方法不對，讓回答的人產生誤會。

在任何情況之下，都要和所有可能使用到這套新系統的人溝通，這是你的責任。把所有的問題挖掘出來，並解決其中的差異。舉行跨部門會議通常會有幫助，但是你要確認每個人，甚至只是略為涉及到這套系統的人都會出席。共同出席的會議可以讓人們一起工作，同時幫助他們了解個人或單位的工作目標，如何與公司整體的目標相結合。

3）.花些時間實際操作你設計的系統

實際操作日常的資料輸入，可以讓你了解你設計的表格，究竟有多好用或者是多糟糕；以及，你設計的資料輸入程式和表格之間的吻合程度；還有，你的資料輸入程式是否設計得當。

資料輸入是所有系統的重要功能之一，惟有實際上線輸入資料，你才能知道自己設計的程式，是否有能力應付那些每天在搜集和輸入資訊者的操作需要。

4）.對於不可思議的問題人物要特別小心

職位的變更、不同部門之間的衝突，以及其他數不盡的人員問題，都很容易對系統設計產生阻礙，甚至於使設計工

作全面停頓。所以,要確定所有人員問題都已受到高階主管的注意,而且在進入系統設計的階段時,這些問題都已獲得解決。要是你忽略了這些問題,在你執行系統設計期間,它們會讓你措手不及。

 III.一般性的原則

1).讓自己保持在有組織的狀態

假如你同時為好幾個客戶設計撰寫,你很容易就會失去你的組織性。竭盡所能讓你的每個計劃都有條有理,把時間花在這方面絕對不會是浪費。

2).掌握「簡單」的概念

我之前提過,要讓你的代碼盡可能簡單,同樣的觀念也可以運用到系統設計的每個層面。複雜的系統是很少見的,如果有,就要在成本加以反應。總之,還是努力一切從簡。

3).確認做到適度且必須的軟體備份工作

我已經多次提到這點,現在我還是打算再說一遍。除了要確定客戶將每天所產生的資料檔案備份外,你也要建立一個程序簡單的操作機制,讓客戶的軟體系統也得以備份。軟體系統可是客戶在資料處理方面最大和最重要的投資!你一定要確認這項投資已獲得保護。

我建議你從兩個方向來達到軟體充份備份的目標:

客戶的備份

每一次當你拜訪客戶並且修改軟體時，都要將受影響的檔案管理員、目錄或軟體記錄在「軟體備份記錄器」上。如果你對資料內容做了修改，要記得更新檔案管理員或目錄，並且記錄在記錄器上。然後，要客戶負責每天檢查軟體備份記錄器，如果記錄器上顯示有人做過設定更改時，那麼軟體和資料都要再做一次備份。

另做一份「軟體系統備份手冊」，讓客戶可以更容易執行備份工作。然後，訓練客戶的員工嚴格執行備份工作。我之前也曾提過，備份工作絕對不會受到客戶員工的歡迎。然而，你不是要角逐最受歡迎獎，所以請牢記誡律十：「做正確的事比做些討喜的事更為重要」。

你個人的備份工作

你應該針對所有客戶，幫他們的軟體做備份！每次你要離開客戶的公司時，都要假設系統隨時會當機，所以，在你離開時要把軟體的備份帶走。假如你運氣好，這種情況永遠不會發生。萬一真發生問題，不論如何，你和客戶雙方都在保護之中。

這重複的軟體備份工作，聽起來可能有些過度保守和小心，但我向你保證，這種謹慎是很值得的。客戶在軟體的投資是很龐大的，確認客戶的投資受到保障，這是你身為專業工作者的責任之一。除了財務支出之外，軟體系統通常也是多年企業知識和經驗的累積。所以，不要為了省下幾分鐘，

而冒險失去所有的工作成果，這是絕對不值得的事。

4）.善於履行計劃

新系統要成功執行，計劃是非常重要的。你可以用波特圖(PERT Charts)或甘特圖(GANT Charts)，或者其他一般通用的方式來組織你的計劃。市面上也有很多套裝軟體，可以協助你設計和執行計劃。

雖然計劃是安裝工作至為重要的部份，不過也不要過份強調，讓計劃變得比工作本身還重要。執行計劃的基本步驟如下： a) 要執行何種任務目標。 b) 由何人來負責執行。最後是 c) 在何時完成各項步驟。何事、何人、何時 —— 隨時將這三個基本項目記在心裡。

5）.預期災難的發生

做為專業人士，你的責任是確認每位客戶都有份正式的危機處理計劃。這份計劃應該包括你設計或執行的系統，如果可能，還要包括整個裝設的過程。

市面上有許多很好的危機處理參考書，我建議你至少要熟悉這些書裡的基本概念。這些書裡有些表格和指導原則，教你如何計劃處理緊急狀況。小客戶幾乎不會想到危機應變計劃，所以這必須由你來決定。做為專業人士，先見之明和危機處理都是你工作的一部份。

6）.成為閱讀說明書的專家

在早期處理資料時，電腦和作業系統都很複雜。所以，知道去那裡找資料，以及如何閱讀這些資訊是很重要的技巧。

時至今日，雖然機器和作業系統都變得更容易操作，但是仍然常得借助手冊或其他書面資料。知道要使用那一個說明手冊，和如何找到你所需的資料，這些都是你的專業重點。

如果你想隨時跟上快速變化的科技產業的腳步，你就得花費大量的時間，熟悉這些書面和機器可讀取的各種說明資訊，而通常新產品的配備中都會有這兩種資訊。當你手中有了新電腦、作業系統或I/O裝置時，花幾個小時看看手冊，或者玩玩線上說明。到處去瀏覽和逛逛，你的目的不是要記住所有的東西，而是要留意以下兩件事：a)資訊的一般內容和格式；以及b)該操作系統或裝置的特色。

如果你人在客戶公司，而當時電腦出了意外狀況，你的客戶會仰賴你把問題解決；而當你的客戶決定買新電腦設備時，他們會仰賴你來告訴他們如何操作這個新設備，以及如何充份利用它的特色。除非你熟讀這些說明書，否則你就無法滿足他們的要求。身為一位電腦專家，你的部份工作就是成為「閱讀說明書的專家」。

第十章

書後回顧與叮嚀

 前言

　　最後一章了，在這裡我要簡略回顧前面談過的要點。此外，我還要教你們三招：怎樣有效的擺脫你的競爭者。其餘的叮嚀與想法，希望對那些願以電腦為終身志業的人有所助益。

Ⅰ.回顧

1）.本書涵蓋的內容

　　本書的主要目的是，要教你如何當一位以電腦為業的自由工作者，它所包含的內容，從怎樣跨出事業的第一步，一直講到營運事業時如何獲致成功。要找個電腦專家出來，全世界就有成千上萬，可惜他們只專精於電腦，這些電腦專家欠缺你從本書所學到的經驗，就算是有，也大多是片斷的。你們現在已從書中了解到，展現專業層面的重要、事業起步時要注意的細節、怎樣認清困境、以及如何解除危機，最重要的是你已經知道要怎樣做，才會受到客戶的重視，成功的當一位電腦自由工作者。

每次和別人聊起我在電腦業服務的28個年頭時，大家總以為經過我長時間的觀察，一定會認為整個電腦產業的變遷真是大得驚人。沒錯，我是看到許多電腦相關事務在這段時間裡起了很大的變化，但我同時也發現許多恆常不變的原理。經過這麼多年，還能維持原狀的，就是我在書中不斷重複提到的基本信條與觀念，像是要有條理的組織個人與工作、不能忽視測試工作的重要性、深入了解客戶的行業，還有最重要的是一定要專業。

這些基本信條就本質而言，都與科技或電腦工業無關，但卻成功的幫助我以自由工作者的身分存活於職場25年，我也深信它們將同樣能幫助你們，度過另外一個25年。

以下是各章內容的回顧：

第二章呈現給你們的是「誡律」，這些誡律是在職場求生存的最後底線。這些誡律在過去屹立不搖了三十年，在未來的三十年裡，就算經歷再多電腦革命的考驗，也不能改變它存在的事實。

第三章談的是，事業起步時的注意事項，從如何明確地定義目標、如何選擇所要提供的服務，一直說到怎樣贏得你的第一筆生意。

第四章討論一個電腦自由工作者，在經營生意時要掌握的原則，包括生意、道德與常識方面。本章也點出了「專業」是最重要的要素，「專業」能讓你遠遠超越你的競爭者。

第五章論及每天營運事業所須察覺的議題，其中包含了

如何定價、估價、收款及訂定合約等。此外，特別提到當你以電腦為業時，如何為身為自由工作者所承擔的義務收取報酬。

第六章提到如何發展事業，如何與客戶發展出長遠的互利關係，本章也特別討論一些特殊情況，像是為客戶的系統做全面性變更時，可能會衍生的問題，以及在怎樣的情況下該對客戶說「不」。

第七章討論的是技術工程人員在做銷售時的技巧。跟技術導向的人談生意是件相當困難的事，本章則針對這個狀況提出許多有效的方法，當你學會了這些招數後，你會開始覺得每次的業務拜訪和會議都充滿了樂趣。

第八章指出在客戶的公司裡，你在人事方面可能會遇到的困擾，同時告訴你克服的法則。任何一個組織裡面都有問題存在，你一定要學會如何把這問題找出來，並且妥善的處理問題，使它不致影響你的工作推展。

第九章針對系統規劃設計、程式撰寫、系統安裝設定等工作提供重要的經驗，這些經驗適用於所有的自動化系統。

貫穿全書我不斷提到誡律的重要性。事實上坊間許多出版品的內容，不過是將這些誡律做更深入的解說或者再擴充罷了。也許還得再過幾年，你們才能體會出，為什麼我要不斷強調這些誡律的重要性。然而，我深信你們最後的結論必定和我一樣，畢竟這些誡律是電腦業界的成功之鑰。

這是本書的最後一章，幾乎沒什麼事是還沒提到的，但我還是要再次回顧那三件能幫你超越競爭者的要項。

2） 遙遙領先你的競爭者

我書中不時談到，要如何遙遙領先你的競爭者，如果要我在講過的這麼多方法中選出三項的話，就是以下的三要項。

做個專業人

有時候還真難想像，只要實踐一些基本原則，像是要有概念、行為得體、有禮貌等，就能讓你有別於周遭的競爭者，但事實上就是這麼簡單。

為了當個獨立的自由工作者，你在很多方面下苦心、流汗水，然而你是不是以專業為導向來引導自己和你的事業，這才是決定你成敗的準則。要搞清楚的是，你是個具有電腦專業的自由工作者。

當個「經營事業的專家」而不只是「電腦的專家」

全世界有太多的電腦專家，但是令人驚訝的是，他們之中卻很少有人了解：怎樣應用電腦來解決經營事業方面的問題。我大膽的說，能弄清楚這個關鍵，你生意上的對手便會遠遠落在你之後。

想當一位經營事業的專家嗎？這個祕訣就是學會怎樣作帳和了解會計的原則。一家公司的帳目就是它最重要的經營資訊，我們也可以說它是一家企業的活力指標。所以如果你看得懂公司帳目，進而操控這個指標，你就是經營事業的專家，任何客戶都會視你為珍寶。

 開始做就一定完成它

　　我在本書中多次提到，我以一個「完工專家」自居，你要知道，要徹底完成工作是相當辛苦的，但也因此相形重要。我們幾乎難以想像「徹底完工」是多少人的心理障礙，他們就是沒辦法控制自己，去完成由他們開始的工作。一個專業的人總是會將他的工作徹底做完，業餘人士則會留下一些自以為不重要的小細節不做，到了要交出成果時，才為了處裡那些當初認為的小事，把自己搞的頭破血流。這下子你該搞清楚了吧，凡是由你開頭的工作，你就一定要親自完成它。能做到這層功夫，那就表示，你已經可以輕易地將那些不專業的競爭者拋諸腦後。

 II.結束本書前的叮嚀

　　我在此要說些片斷而零碎的想法，但它們對電腦專業人士來說，卻很有關係：

　　1）.不要期望你所做的每件事都是對的。

　　當我回顧過往的工作經驗來寫這本書時，我才發現我根本是在重複犯錯。說真的，有陣子我還真想將本書命名為「所有我曾犯過的錯誤」。

　　就在寫這本書的同時，我忽然了解到，我也做過「對」的事。但是更重要的是，我終於能從錯誤中學習。我所謂的「從錯誤中學習」，你們可以從誡律中看到其中的要義，當然

也不只是誡律而已，還有其他的觀念，但這些全都是我想透過本書傳遞給你們的。

　　你是個相當平凡的自由工作者，會犯下不少錯誤是當然的，尤其是在剛展開你們寶貴的事業時。就好比一個拳擊袋，你打它一下、它會反彈回來，你要學會閃躲它的反彈並且回擊，這就是從錯誤中學習，而且你會由此步上成功之路。

2）.電腦對現今社會的影響

　　不管你願不願意接受電腦存在於你周遭的事實，它一直是我們的身邊革命著，什麼樣的革命？——公司營運方式的革命。不僅如此，電腦還深入影響我們每個人的日常生活。然而看遠一點，電腦革命與它對社會的影響能一直持續，不是沒有道理的。這波電腦革命所帶來的巨大改變，對整個的社會而言，並非都是正面的，以各種角度來看，也很難說它完全是對的，同樣的道理，你能說它對每個人都好嗎？

　　電腦革命就好像田徑競技場，逼得許多人不得不加快腳步改變生活。有不少人已經落後在科技革命之後了，而還有更多的人即將加入他們。所以，我們要很有耐心的包容這些苦於適應新觀念的人。我們要盡可能的帶領他們，讓他們加入變遷的過程裡。你可能也很難想像，就是你自己也有追不上趨勢的時候。

　　身為電腦專業人士，在心中保有道德和倫理原則是很重要的。高科技就好像一刀兩刃，不要用你專業的電腦知識去

幫助那些會傷害社會的人。

這樣的提醒的確是有些許模糊。但是，我是在建議你們運用自己的專業技能，來對社會做一些貢獻。賺很多錢給自己，誰會不喜歡？但是你可曾想過，你對供養你成長的環境回報了些什麼？在我個人事業起步的階段，我選擇服務的行業是酪農業或是較小型的企業，像這樣的就職方向，明眼人看了就知道，絕不是為了錢。為什麼作這樣的決定？原因很簡單，我只是堅信如果能幫助小企業繁榮，對整體的經濟與社會而言，絕對是健康而且具正面意義的。

我是一個相當幸運的人，能夠有環境讓我實踐理念，如果你也有同樣的機會可以將工作與信念結合，我鼓勵你盡全力去試一下。在邁向專業的路上，工作目標與自我理念能結合在一起，可以使你比較能夠接受困境，也會讓你覺得自己的工作，對自己和社會都很有意義。

3）.自我評估

在本書的第六章中我提到過專業程度，每隔一段時間就對自己的表現做番評估，是用來確定自己專業度的重要步驟。身為一個自由工作者，不會有人為你做這些事，所以自己要知道何時該停下腳步反省，而且這個動作是必須要經常執行的。

4）.對你客戶的職責

貫穿本書我不斷強調，一旦從客戶手中接下案子，你就

開始承擔責任，電腦系統若不當架設，會使一家公司從業界消失。不要以為這很誇張，這種故事在電腦剛萌芽的時代是屢見不鮮的。問些在那時從事電腦自由工作者的人，你就會發現，企業界中因安設電腦造成災難的案例遠超過成功者。

所謂專業的立場，就是在任何時候你都必須對客戶事業的榮枯負責。這句話的意思是，要確認資料備份工作有沒有確實執行；此外，在發現公司內部存在嚴重問題時，要將警訊清楚地讓管理階層知道。

切記！客戶的成敗就是自由工作者的成敗。

5）.凡是該做的就去做

在不同場合扮演不同角色，對你工作能否順暢運行很重要。有時候你要展現你的組織能力，透過有效的溝通將相關的人事調整到最佳狀態。在其他時候，客戶需要的是，運用你電腦方面的專才來解決問題。但無論何時，你的專業能力與工作熱誠都是不可或缺的，要知道自己的身分是解決問題的專家，而不只是電腦專家而已。

6）.你的第一筆生意

自由工作者接到的第一個案子，通常不會是自己喜歡的。在你急著要接生意時，那些考慮要用你的客戶，很會利用你渴求生意的心態，來對你做超值的要求。由於你是個新人，時間久了你自然會學會如何篩選案子，但在起步階段，要有這樣的期許就太奢侈了。

在事業起步的艱困期，你要這樣想：你正在為事業打基礎，所以初接的生意雖然不見得令人滿意，但還是要將它做好，而且一定要有頭有尾的完成。自由工作者聲譽的好壞，決定你未來的成敗。接了一件困難的案子時，若有不錯的開頭，但到後來卻無疾而終，這對自由工作者的聲譽會有嚴重的影響。最好的廣告就是來至客戶的讚許，客戶要是滿意你的表現，你的案子就接不完了。

7）.最後的叮嚀

以電腦自由工作者為職志的生活，可以是充滿刺激和挑戰，而且不會令你後悔的生活方式；當然它也可以說是充斥挫折和需要高度持久力的生活方式，有時還會讓人完全失去信心。對我來說，當個自由工作者的好處與樂趣，是遠遠超越那些負面感受的，我樂於享受做自己，自己做決定，然後欣然承受所有成敗的責任。而那些因為一起工作而結識的優秀人才，更是我不能忘懷的。

我衷心的期許，這本書能夠鼓勵你們突破自我的藩籬，做個成功的獨立電腦專業自由工作者。

祝你萬事順利！！

北區郵政管理局登記証
北 台 字 9 1 2 5 號
免 貼 郵 票

歡迎您寫下對本書的意見、或對我們的批評建議

大都會文化事業有限公司
讀者服務部　收
台北市基隆路一段432號4樓之9

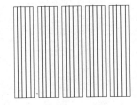

寄回這張服務卡(免貼郵票)
您可以
◎不定期收到最新出版訊息
◎參加各項回饋優惠活動

大旗出版 · 大都會文化

書號：SH008　　　　打開視窗說亮話 —— 電腦人的顛覆、獨立與成功

謝謝您選擇了本書，我們真的很珍惜這樣奇妙的緣份。期待您的參與，讓我們有更多聯繫與互動。

讀友資料

姓名：_____

性別：□男　□女

身份證字號：_____

生日：民國_____年_____月_____日

學歷：□國中　□高中職　□大專　□大學(或以上)

通訊地址：_____

電話：(H)_____(O)_____

　　　　※您是受歡迎的：所以日後您直接郵購任何書籍(含新書)，
　　　　　　　　　　　　均享八折優惠。

1. 請問您在何時購得本書？_____年_____月_____日

2. 請問您在何處購得本書？

□書展　□郵購　□書店　□書報攤　□便利商店　□量販店　□其他

3. 您從那裡得知本書？(可複選)

□書店　□廣告　□朋友介紹　□書評推薦　□書籤宣傳品等

4. 您喜歡本書的那些方面？(可複選)

□內容題材　□字體大小　□翻譯文筆　□封面設計　□價格合理

5 您希望我們為您出版那些種類的書籍？(可複選)

□旅遊　□科幻　□推理　□散文小說　□電影小說　□藝術　□音樂
□史哲類　□財經企管　□生活休閒　□傳記　□其他

6. 您的建議：_____

_____

_____

定價：**200** 元

一般人對工作的希求有：**1.錢多 2.事少 3.離家近**，但往往在就業市場中，勞動者只能成為被選擇的一方，就因為這樣的勞動弱勢地位，讓多數人徘徊在失業與就業之間。本書就是因應就業市場的新潮流，為文字自由工作者的領域，作一番解析，讓更多想一探SOHO族大門的讀者有跡可循，是一本集各方經驗及想成為SOHO族的人不可不讀的良書。

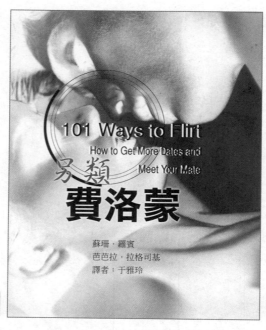

101 Ways to Flirt
How to Get More Dates and
Meet Your Mate

另類
費洛蒙

蘇珊‧羅賓
芭芭拉‧拉格司基
譯者：于雅玲

定價：180 元

32開、320頁

費洛蒙（pheromone）是一種信息素亦稱外激素，是一種動物自身所分泌的化學物質，能使同類物種產生某種神經生理反應並造成感官行為及慾望的變化。簡單的說，費洛蒙引發的行為以兩大類為主：一是促進兩性彼此相互吸引；一是宣示勢力範圍，警告他人不可侵入。它是一種無色無味的化學分子，在體內日以繼夜的製造，經由皮膚、汗腺、毛髮散發出去並釋放出富含你個人潛意識的訊息。

在這綺麗的兩性世界裡，男人與女人似乎生活在不同又彷彿相通的世界中。兩性之間，無論是瘋狂的墜入情網，引爆了真情相戀或是無由的拒絕追求，老死不相往來，背地裡都受到這些潛意識的訊息交流所影響。

男人包藏的秘密與謊言，「妳」無法洞悉也難以窺伺！女人潛藏的情緒與多變，「你」難以掌控更無法瞭解。

《另類費洛蒙》──是一本追逐兩性生活不可不讀的佳作，書中提供了101種簡單且安全釋放訊息的技巧，其中更包括下列不可或缺的必備戰略：

◆大師級的前二十個最佳邂逅場所

◆如何掌握機先的秘絕

◆一次命中的交友祕方

◆常勝將軍的必勝兵法

◆如何破解他或她正在向你投射無言的暗示與接納的密碼

閱讀本書後，將使你／妳魅力指數扶搖直上。

全球狂賣超過3,000,000本。持續增加中！

皇室的傲慢與偏見　黛安娜的生與死

　　這是唯一由黛安娜生前口述的歷史見證，道出她一生受挫於皇室的傲慢與偏見中。當她踏入古老的皇室系統中時，就註定了要被童話故事的美麗外衣所籠罩，公眾所看到的微笑與美麗背後，其實隱藏著一顆寂寞的心。她受錮於皇室的種種制度與教條，被無情淡漠的皇室人情所冷落，更屈身於社會大眾假想的幸福婚姻。所以，她必須一再地犧牲自己的角色與野心，而存在於皇室的傲慢與群眾的偏見之中。

■售價：360元（25開，另贈CD）

　　她的婚姻與愛情，始終是群眾追逐著想知道的焦點，同時也都給予不同的評價。但她不甘心就此虛度人生，所以，秉著她勇敢堅強的個性；憑著她善良慈悲的心性，毅然地走出陰影投身公益，獲得人民的愛戴與推崇。

　　這本書之所以感人，就在於我們能深入黛安娜的一生，看她是如何的掙扎，如何從封閉守舊的皇室中走出來，如何用她的心在愛人與愛這個世界，最後又如何為自己找到生命意義的過程。

　　她是個活在鎂光燈下的女人。雖然，最後的美麗仍是葬送在這個閃耀的舞台，但對於她的一生而言，卻留下了值得讚頌的永恆價值。

■售價：199元
（32開，彩圖精裝摘錄本附CD）

◎原書由英國 MICHAEL O'MARA BOOKS於1997年10月出版，作者—安德魯‧莫頓(Andrew Morton)，頁數368頁。
◎完整收錄黛安娜出生至1997年8月在巴黎塞納河畔車禍身亡的紀實版本。
◎為紀念新書上市，將免費加贈「黛安娜紀念CD」，收錄6首黛妃生前最喜愛的英倫情歌，由蘇格蘭風笛、英格蘭短笛全程演奏，盪氣迴腸之超值珍藏。

現代灰姑娘 ── 黛安娜傳奇性的一生

首度公開十二個影響她生與死的驚人事件

首次曝光二十八幀她成長過程的珍藏照片

《發現大師系列－印象花園》是我們精心為讀者企劃製作的禮物書，它結合了大師的經典名作與傳世不朽的雋永短詩，更提供您一些可隨筆留下感想的筆記頁，無論是私人珍藏或是贈給您最思念的人，相信都是最佳的選擇。

梵谷
Vicent van Gogh

「難道我一無是處，一無所成嗎？……我要再拿起畫筆。這刻起，每件事都為我改變了…」孤獨的靈魂，渴望你的走進…

■ 售價：160元

莫內
Claude Monet

雷諾瓦曾說：「沒有莫內，我們都會放棄的。」究竟支持他的信念是什麼呢？

■ 售價：160元

高更
Paul Gauguin

「只要有理由驕傲，儘管驕傲，丟掉一切虛飾，虛偽只屬於普通人…」自我放逐不是浪漫的情懷，是一顆堅強靈魂的奮鬥。

■ 售價：160元

印象花園

竇加
Edgar Degas

他是個怨恨孤獨的孤獨者。傾聽他，你會因了解而有更多的感動...

■售價：160元

雷諾瓦
Pierre-Auguste Renoir

「這個世界已經有太多不完美，我只想為這世界留下一些美好愉悅的事物。」你感覺到他超越時空傳遞來的溫暖嗎？

■售價：160元

大衛
Jacques Louis David

他活躍於政壇，他也是優秀的畫家。政治，藝術，感覺上互不相容的元素，是如何在他身上各自找到安適的出路？

■售價：160元

榮獲中華民國第12屆分類圖書展之優良圖書獎

兒童完全自救寶盒

全套產品包括三大部分：

I.「孩童完全自救手冊」

正12開（25.5cm×24cm）

彩色精裝書五大冊。

1. 爸爸媽媽不在家時
2. 上學和放學途中
3. 獨自出門
4. 急救方法
5. 急救方法與危機處理備忘錄

訂購熱線：

(02)27235216

安全特價：2,490元
原價：~~3,490元~~

II.孩童安全教育及危機處理步驟卡帶五卷。

III.「兒童安全成長教室」卡通布偶益智錄影帶四卷。

第一卷：校園安全教育篇

第二卷：戶外活動安全篇

第三卷：快樂成長學習篇

快樂的童年不該有恐懼與危險，快樂的童年應該有歡笑與安全！

打開視窗說亮話 —— 電腦人的顛覆、獨立與成功

作　　者：理查‧羅修(Richard H. Rachals)
譯　　者：熊家利、周秀玲
發 行 人：林敬彬
企劃主編：丁奕
責任編輯：陳琦郁
美術編輯：鄭美津
封面設計：鄭美津

出 版 社：大旗出版社　局版北市業字第1688號
發　　行：大都會文化事業有限公司
　　　　　台北市基隆路一段432號4樓之9
　　　　　電話：02-27235216　傳真：02-27235220
　　　　　e-mail：metro@ms21.hinet.net
郵政劃撥：14050529　大都會文化事業有限公司
出版日期：1999年2月　初版第1刷
定　　價：200元

First published in the United States under the title ON YOUR
OWN: AS A COMPUTER PROFESSIONAL by Richard H.
Rachals. Copyright ©Richard H. Rachals, 1997.

Chinese translation copyright ©1999 by Banner Publishing, a
division of Metropolitan Culture Enterprise Co., Ltd. Published
by arrangement with Turner House Publications.

ISBN：957-8219-01-6　　　　(原著ISBN：0-9641054-1-1)
書號：SH008

＊本書如有缺頁、破損、裝訂錯誤，請寄回本公司調換＊

國家圖書館出版品預行編目資料

打開視窗說亮話——電腦人的顛覆、獨立與成功

理查‧羅修(Richard H. Rachals)著

熊家利／周秀玲譯　第1版

臺北市；大旗出版，1999[民88]

面：15x21公分

譯自：On your own as a Computer Professional ——

How to get started and succeed as an independent

ISBN:957-8219-01-6（平裝）

1.電腦資訊書－管理　2.創業

484.67　　　　　　　　　　　　　　88000410